写给青少年的人工智能

发展

核桃编程 著

人民邮电出版社
北京

图书在版编目（CIP）数据

写给青少年的人工智能. 发展 / 核桃编程著. -- 北京 : 人民邮电出版社, 2022.4
ISBN 978-7-115-57923-2

Ⅰ. ①写… Ⅱ. ①核… Ⅲ. ①人工智能－青少年读物
Ⅳ. ①TP18-49

中国版本图书馆CIP数据核字(2021)第234276号

内 容 提 要

这是一本写给青少年看的人工智能科普图书，目的是帮助小读者启蒙科学素养，开阔科学视野，培养科学思维，锻炼动手能力，让他们了解人工智能的过去、现在和未来，从而更好地融入人工智能时代。通过阅读本书，小读者不仅可以了解到“人工智能的工作方式”，还能一睹很多人工智能发展的过程和细节：科学家如何提出问题并想到绝妙的点子；技术如何从第一代逐渐演变到第 N 代；遭遇失败时科学家如何克服困难；等等。所有这些都旨在激发小读者的好奇心，帮助他们体会科学研究应具备的精神。

延续“写给青少年的人工智能”系列图书的风格，本书仍然用了大量形象的比喻，以贴近生活的案例作类比，把书中的抽象概念和难点以诙谐幽默的手绘插画形式诠释出来，力求让小读者读得懂、喜欢读。

本书从“模拟人类的思考方式”“模拟大脑的工作原理”和“模拟生物对环境的反应”这 3 个方向出发，代入科学家的研究思路，讲述了人工智能的三大主要流派“逻辑主义”“联结主义”和“行为主义”、人工智能发展过程中的重大事件、三种人工智能流派的核心思路以及相关科学家及其发明创造的故事，堪称人工智能的“历史放映机”。

◆ 著　　　　核桃编程
责任编辑　吴晋瑜
责任印制　王　郁　焦志炜

◆ 人民邮电出版社出版发行　　北京市丰台区成寿寺路 11 号
邮编　100164　　电子邮件　315@ptpress.com.cn
网址　https://www.ptpress.com.cn
北京宝隆世纪印刷有限公司印刷

◆ 开本：889×1194　1/20
印张：7.8　　　　2022 年 4 月第 1 版
字数：82 千字　　　　2024 年 8 月北京第 2 次印刷

定价：59.00 元

读者服务热线：(010)81055410　印装质量热线：(010)81055316
反盗版热线：(010)81055315
广告经营许可证：京东市监广登字 20170147 号

参与本书编写的成员名单

内容总策划：曾鹏轩　王宇航

执行主编：庄　淼　丁倩玮　陈佳红　孔熹峻

插　画　师：闫佩瑶　林方彪　黄昱鑫　王晶宇

致小读者

小读者们，大家好！我是“核桃编程”的宇航老师。提到“人工智能”（AI），你会想到什么呢？是能听懂你说话的智能音箱语音助手，还是能打败围棋世界冠军的 AlphaGo？是无人驾驶汽车，还是科幻电影里的超能机器人？相信你一定会浮想联翩，因为人工智能已经融入我们生活、学习的方方面面。

为了帮助小读者们启蒙科学素养，开阔科学视野，培养科学思维，锻炼动手能力，从而更好地融入人工智能时代，我们编写了“写给青少年的人工智能”系列科普图书。那么，为什么这些各不相同的东西都叫作“人工智能”？如果读过《写给青少年的人工智能　起源》一书，相信你已经有了答案。在那本书中，我们探讨了“什么是人工智能”，沿着人类使用工具的历史，回顾了原始工具以及人工智能的缘起——达特茅斯会议，并介绍了近几十年来人工智能领域重要的发明创造。

那么，科学家们又是怎样研究出人工智能产品的呢？本书会带你“进入”科学家的大脑，沿着他们研究问题的思路，去亲身经历人工智能发展的过程，并最终了解研究人工智能的思路：让机器学会推理，让机器掌握知识，让机器适应环境，等等。读完这本书，你一定会有一种恍然大悟的感觉：哇，原来科学家是这样思考的啊！

经过几十年的努力，科学家们“八仙过海，各显神通”，研究出了各种各样的人工智能产品，将人工智能技术应用到了生活、娱乐、商业、科研、医疗、农业等诸多领域。《写给青少年的人工智能 应用》一书选取人工智能在各行各业典型而有趣的应用案例，让你了解现在的人工智能到底“智能”到了什么程度、“智能”体现在哪些方面。

了解了人工智能的起源、发展和应用，你是不是已经跃跃欲试、想要参与其中了呢？别急，在《写给青少年的人工智能 实践》一书中，我们会带你动手试一试，引导你开发一些属于自己的人工智能程序，让你在实践中体会人工智能的奥妙。

最后，还要告诉你一件好玩儿的事。为了让小读者们读得懂、喜欢读，我们把人工智能科学中不好理解的名词和概念，尽可能地用形象的比喻或者贴近生活的类比加以解释，把抽象的知识点用风趣幽默的手绘插画加以诠释。插画中的这些角色可都是“核桃世界”里的动漫明星噢，快去和他们打个招呼吧！

小读者们，希望你们能喜欢这套书，快翻开它，开启你的人工智能启蒙之旅吧！

核桃编程联合创始人

王宇航

目 录 / CONTENTS

计算机中的大脑 / 73

5 卷土重来的神经网络 / 100

让机器适应环境 / 117

导　读

在《写给青少年的人工智能　起源》一书中，我们介绍了什么是人类智能。人类智能就是人类运用自己在生活中获得的经验和知识，通过学习和认知等方式，获取新知识并解决问题的能力。

你通过一次次尝试学会骑自行车，你通过听课和练习掌握一门外语，科学家通过大量实验并运用所掌握的知识得出新的理论，饱读诗书的作家写出优美的文章……这些都是人类智能的体现。

那么，到底怎么做，才能让机器具备像人类一样的智能呢？大约70年前，科学家们就在思考这个问题了，他们想到了3种不同的方式：一种是让机器像人一样思考问题；一种是用机器模拟大脑；还有一种是让机器像人一样行动。

机器能思考吗

禾木： 有了人工智能，冷冰冰的机器也能自己行动起来，这实在太神奇了！

桃子： 这些机器在完成任务的时候也会思考吗？机器到底能不能思考？怎么才能让机器像人一样思考呢？

小核桃： 好问题！要想研究机器能不能思考，我们必须先知道人是怎么思考的。你们知道自己思考时都在做什么吗？人类思考时做的事，机器是不是也能做呢？下面我们就一起看一看，当年发明人工智能的科学家们是怎么解决这些问题的。

什么是思考

这真是个奇怪的问题……思考不就是想事情嘛，还要怎么回答呢？

不如让我们先一起感受一下吧。现在问自己一个问题："晚饭该吃什么呢？"你思考这个问题时，是不是听到脑海里有个声音在对自己说话？"吃包子？吃蛋炒饭？吃鸡腿？吃烤鸭？吃红烧肉？"哎呀，别说了，口水都要流出来了！咦，难道思考就是和脑海里的这个声音"对话"吗（图1-1）？

图1-1 思考就是和脑海里的声音"对话"吗

但是，细想一下，我们思考的过程也不一定都如此复杂。比如，我们饿着肚子回到家，恰好看到饭桌上有妈妈刚炖好的排骨，不用和脑海中的声音"对话"，就会急忙坐到饭桌前美餐一顿了！

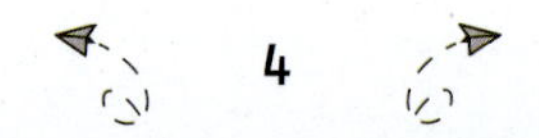

看来“思考是什么”这个问题真的很难回答，而科学家们就喜欢挑战这种问题。对于“思考”这件事，他们有各种各样的想法。

有些科学家认为思考的本质是处理符号，比如我们在《写给青少年的人工智能 起源》一书里提到的人工智能奠基人：司马贺（赫伯特·亚历山大·西蒙，Herbert Alexander Simon，司马贺是他为自己起的中文名）和艾伦·纽厄尔（Allen Newell）。他们认为思考就是处理符号。

听到“符号”这个词，浮现在你脑海里的很可能是“@#¥%……&*”之类的东西。其实，在司马贺和纽厄尔看来，符号不仅限于标点符号、数学符号，他们认为，万事万物皆为符号。“+”“-”“×”“÷”是符号，鸡腿、苹果、字母A、汽车、妈妈是符号，甚至一个动作、一种声音、一幅画、一种味道，同样也可以是符号。

只要我们可以把一种东西辨认、区分出来，就可以将其视为符号。

思考的过程就是对这些符号的操作。比如刚才的“吃排骨”，就是“排骨”这个符号“进入”我们的眼睛，“香味”这个符号“进入”我们的鼻子，让我们感觉到“饿”这个符号。这些符号汇聚到我们的大脑中，然后由大脑根据一定的规则进行处理，就有了“吃”这个符号（图1-2）。

图1-2 “吃排骨”也是对符号的操作

不过，有些关于思考的活动想变成符号有点难，比如“鸡腿好吃”要怎么变成符号呢？对此，纽厄尔和司马贺决定从最适合符号化的问题开始，那就是逻辑推理。

什么是逻辑推理

什么是逻辑呢？

外面下雨了，所以地面是湿的。

刚才雨下得很大，地面上积水较多，如果出门，鞋很可能会湿。

太阳下山了，天色变暗了。

对于上面这些例子，我们可以根据前半句的“因”得到后半句的“果”，或者说由前提得到结论。这是我们常用的一种思考方式。人们常说“这么思考是有逻辑的”，上述思考方式就是逻辑推理，更准确地说是逻辑推理的一种——演绎推理。

逻辑推理可以算是人类智能的一个典型代表了。

相传，最早研究逻辑的是古希腊时期的亚里士多德（Aristotle）。他认为，推理能力是人区别于其他生物的特质。也就是说，人能进行逻辑推理，而动物不能（图1-3）。

图1-3　狗不懂逻辑

从一个条件直接得出结论，亚里士多德将这样的过程称为直接推理，认为它是逻辑推理一种最基本的方式。

把直接推理组合起来，就可以得到另一种方式的推理，那就是亚里士多德提出的三段论，这也是演绎推理的一种基本方式。

三段论就是从两个前提或者已知条件中推出结论（图1-4），就像下面的语句这样。

鱼都会游泳，

金鱼是鱼。

所以金鱼会游泳。

图1-4 通过推理可以得出“金鱼会游泳”的结论

只要前两句话（前提）是正确的，我们得到的最后一句话（结论）就是正确的。

再举一个例子：

瓜都是甜的，

苦瓜是瓜。

所以苦瓜是甜的。

想想都知道，苦瓜怎么会是甜的呢？推理过程没问题，但是这个结论并不正确。这是因为，第一句话本身就是错误的，所以自然就不能得到正确的结论（图1–5）。

图1–5 “瓜都是甜的”这个前提不正确，得出的“苦瓜是甜的”这个结论就是错误的

虽然三段论看起来似乎有些呆板，但我们平时也会下意识地这样思考。当一块排骨掉到了地上，妈妈可能会说：“那块排骨掉到地上了，脏了，不能吃。”这其实就隐含了三段论，只不过我们对它进行了省略。如果补充完整，这句话应该是这样的：

掉到地上的东西是脏的，不能吃，

这块排骨是掉到地上的东西。

所以这块排骨是脏的，不能吃。

我们思考时，肯定不会这样一字一句地想，甚至不会像妈妈说的那样想，思考的过程只会在我们的脑海中一闪而过。司马贺认为，这个过程就是在操作符号。

只要我们把上面这些三段论总结一下，就可以发现它总是遵循一个特定的形式：

M（鱼）是P（会游泳）

S（金鱼）是M（鱼）

S（金鱼）是P（会游泳）

只要把鱼、游泳、金鱼、瓜、甜、苦瓜这些具体的符号用抽象的符号来代替，就可以表示更通用、更普遍的规则。在三段论中，只要按照第二句话把第一句话里的符号M换成符号S，我们不就得到结论了吗？这样，就把一个思考的过程变成了符号的操作，非常简单！

逻辑推理只能是根据原因得到结果吗

除了演绎推理，我们平时还会接触到其他类型的推理，例如归纳推理和溯因推理。

归纳推理就是从诸多现象中找出这类事物的共同点，例如，看到鲤鱼、鲨鱼、鲫鱼、草鱼和金鱼都生活在水里，而且都会游泳，我们就可以归纳出“鱼都是生活在水里，会游泳”这样的结论。

不过和演绎推理不同，即使条件都是正确的，运用归纳推理得出的结论也不一定正确。例如，我们根据麻雀会飞、老鹰会飞、天鹅会飞、啄木鸟会飞，归纳出“鸟都会飞”，但这个结论并不正确——企鹅和鸵鸟就不会飞（图1-6）。

图1-6　运用归纳推理得出的结论不一定正确

溯因推理看起来和演绎推理有些像，不过演绎是通过原因来推理出结果，而溯因推理是通过结果来推测出原因。比如，我们看到外面的地面湿了，就可以推测刚才下雨了。显然，这个结论并不一定正确（图1-7），因为除了下雨，还有可能是有人洒水了。

图1-7　运用溯因推理得到的结论不一定正确

让计算机处理逻辑符号——逻辑主义的诞生

虽然人类思考的本质可能是处理符号，但是看到一大堆符号，还是很让人头疼的。三段论只是简单的逻辑，而更复杂的逻辑写成符号可能会是下面这样的：

$$[(x)Px \supset (\exists x)Qx] \overset{c}{::} [(Pa \cdot Pb \cdot Pc) \supset (Qa \vee Qb \vee Qc)]$$

$$[(x)(Px \supset Qx) \vee (\exists x)(Rx \cdot Sx)] \overset{c}{::} \{[(Pa \supset Qa) \cdot (Pb \supset Qb) \cdot (Pc \supset Qc)] \vee [(Ra \cdot Sa) \vee (Rb \cdot Sb) \vee (Rc \cdot Sc)]\}$$

眼花缭乱了吧？哪怕只是换换符号，做起来也不简单啊！

不过，计算机不会头疼，更不会眼花。

计算机同样可以输入、输出、处理符号，而换符号这种事，即使再麻烦，计算机也能做得很好。所以，司马贺和纽厄尔认为，计算机通过操作符号就可以模拟人的思考，进而能够具有与人相当的智能。人类的逻辑推理又是很适合进行符号化，方便计算机进行操作的。由此，科学家们想到："制造会思考的人工智能，可以从制造会逻辑推理的人工智能入手"。

顺着这条思路，人工智能的逻辑主义或者称为符号主义就此诞生了。

趣闻

科学家是怎么想出那些奇妙的想法的

司马贺和纽厄尔都是最早研究人工智能的科学家之一。他们最初提出"思考是操作符号"这个想法的时候，"人工智能"这个名字甚至还没有出现。其实他们本来也不太喜欢"人工智能"这个名字，而是主张称之为"复杂信息处理"。

司马贺的灵感来自一台打印机。当时他在兰德公司进行学术休假（这是大学里的一种制度，可以给大学教授一段自由时间，让其不用考虑学校的繁杂工作，全身心投入自己想做的研究），看到一台打印机在打印地图。如今的打印机功能强大，所以人们对打印图片不以为奇，但在当时，这还是挺新奇的。计算机不是在计算数字，而是在控制打印机去排列地图上的符号！司马贺突然意识到，计算机能处理符号，而人的思考同样是在处理符号，那么计算机是不是可以模拟人类思考呢？

巧合的是，打印地图的程序正是由刚加入兰德公司的纽厄尔编写的。

当时，用计算机模拟人类思考只是一个初步的想法，并没有真正得到落实。不过在1954年的夏天，司马贺和纽厄尔在马奇空军基地参观演习时讨论了这个思路。

真正的突破发生在1954年11月，奥利弗·塞弗里奇（Oliver Selfridge）（我们在《写给青少年的人工智能　起源》一书中也提到过他，他也参加了达特茅斯会议）来到兰德公司分享他在模式匹配方面的工作。模式匹配就是通过辨认局部特征识别出整体的字母或者符号。比如，我们看到一个图形有3个尖角，就可以认出这是一个三角形；如果3个尖角中有两条边出了头，那可能就不是三角形，而是字母A了（图1-8）。

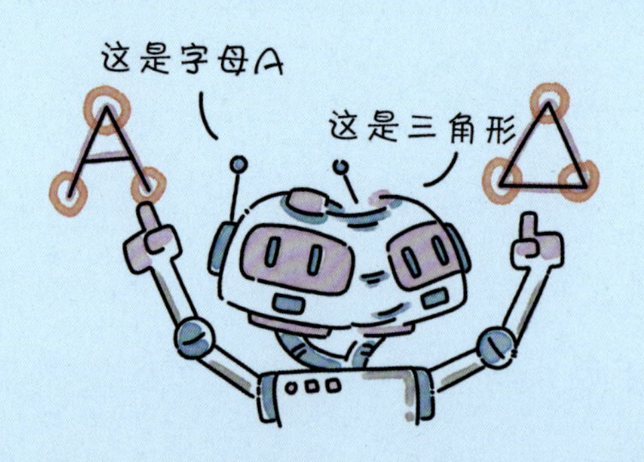

图1-8　通过辨认局部特征，我们可以认出整个图形

这仿佛一道光，驱散了纽厄尔脑海中的迷雾。他忽然意识到，该如何编写程序，从而用简单的过程组合成复杂的活动，甚至实现人类智能行为的模拟。“那改变了我的生活。我的意思是，那就是我开始研究人工智能的时机。这一切发生在1954年11月的一个下午。”纽厄尔后来这样说道，“我清楚地感觉到，这是一条全新的道路，是我可以一直走下去的道路！不是每次都能有这种感觉的！”

会思考的机器

司马贺： 大家好！我是司马贺，我的搭档纽厄尔和我发明了一台会思考的机器。你们猜猜，它会想些什么呢？

禾木： 肯定是在想怎么帮我写作业，我正因为有道题做不出来而发愁呢！

桃子： 我们之前就在说推理，它肯定是在推理，应该是个机器大侦探吧！

小核桃： 你们说的都很接近！这台机器确实是在做题，也确实是在推理。其实它思考的内容是怎么通过推理来解答数学证明题。数学证明题可是非常能说明逻辑推理能力的。

第一个会思考数学题的程序——“逻辑理论家”

说到逻辑性强，恐怕没有哪一门学科能和数学比肩了。如果把数学比作一栋大楼的话，那么“逻辑推理”就是必不可少的建筑材料。此外，数学包含了各式各样的符号，解答数学题就是把这些符号移来移去或者进行替换的过程。如果让机器代替人去操作这些数学符号，那么机器是不是也能解答数学题了呢？这样不就造出会思考的机器，也就是人工智能了吗？

司马贺与纽厄尔正是这样想的，在找到“符号主义”，也就是通过让计算机操作符号来模拟人脑推理的研究思路之后，他们决定从数学入手，让机器像人一样去推理，去证明数学问题，从而实现人工智能。

他们找系统程序员约翰·克里夫·肖（John Clifford Shaw）帮忙，并于1955年年底实现了第一个成果——“逻辑理论家”。

不过，“逻辑理论家”的第一次运行不是用计算机，而是用人替代机器来实现的。在1956年1月的一个夜晚，司马贺让自己的妻子、孩子和学生拿着卡片，来充当“人工计算机”，执行逻辑理论家的算法。这也是无奈之举，因为在当时，计算机是很稀有的，纽厄尔和司马贺也没有属于自己的计算机。

此举验证了方案是可行的，于是他们编写了程序，让克里夫拿到兰德公司的计算机上运行。

当时，写程序可不是一件简单的事。当时的计算机只认识机器语言，也就是二进制的0和1，而且不支持键盘输入，要通过在纸带或者卡片上打孔来表示0和1（好在打孔可以用带键盘的打孔机，而不用自己一个一个扎）。这样写程序实在是太痛苦了！为了更方便地编写人工智能程序，他们三人干脆自己发明了一种程序语言，并将其命名为信息处理语言（Information Processing Language，IPL）。这就好比我们写英语作文没那么熟练，就先用汉语表达，然后再翻译成英语（不过这可不是个学英语的好习惯）。

但是要想把信息处理语言快速翻译成机器语言，需要再开发一种名为编译器的工具。当时，开发编译器也是一个非常复杂的大工程。所以，纽厄尔和司马贺只能再次充当一把“人工编译器”，手动把“逻辑理论家”的程序从信息处理语言翻译成机器语言。这个过程既枯燥又烦琐，为了避免出错，他们俩同时翻译一句话，然后大声念出翻译出来的二进制数字，来确认是否一致（图2-1）。

没过几年，信息处理语言就被新的编程语言取代了，但是它的很多特点对后来的编程语言影响很大。比如，约翰·麦卡锡（John McCarthy）就是受到了信息处理语言的启发，于1958年发明了LISP语言，直到今天，仍然有人在用这种语言。（还记得麦卡锡吗？他是达特茅斯会议的发起者之一，可以称得上是“人工智能之父”。不过，称得上“人工智能之父”的还有好几个人呢，比如纽厄尔和司马贺。）

图2-1　没有编译器的时代，编写程序非常辛苦

好在这样的辛苦是值得的。“逻辑理论家”可以很快地证明伯特兰·罗素（Bertrand Russell）和阿弗烈·诺夫·怀特海德（Alfred North Whitehead）的数学巨著《数学原理》（*Principia Mathematica*）上的很多定理，甚至有些证明过程比原著的还要好。这项工作也得到了罗素本人的肯定。

在1956年的达特茅斯会议上，“逻辑理论家”的表现非常精彩。它本应是此次会议上最吸引人的成果，但因为种种原因并没有得到足够的重视。司马贺与纽厄尔把针对《数学原理》的新证明写成文章（“计算机”也列为这篇文章的作者之一），投稿至《符号逻辑学报》(*The Journal of Symbolic Logic*)，却惨遭拒稿。“作者之一是计算机”这种令人惊奇的事没能打动编辑。不过说实话,《数学原理》中的问题都是罗素解决过的，而让计算机来解决这件事，确实也不是这本杂志关注的重点。

不管怎样,“逻辑理论家”在人工智能历史上具有开创性的意义。它是科学家们沿着符号主义这条发展人工智能的思路获得的第一个真正成果，也是第一个可以运行的人工智能程序。

“逻辑理论家”究竟有何“过人之处”

“逻辑理论家”有3个“过人之处”，都被人们视为“开创性贡献”，对未来人工智能的发展起到了至关重要的作用。

第一个开创性贡献是把推理转化为搜索，引入了搜索树。

那么，为什么推理这种思考过程可以变成“找东西”——搜索呢？搜索树又是什么呢？

我们知道,“逻辑理论家”是用来解决数学问题的。而每一个数学问题，都是依据已知条件想方设法得到结论。逻辑推理就是我们寻找结论的方法。其实，我们生活中的问题和数学问题相差无几。比如，我们看到“灯不亮”这个已知条件，就可以通过逻辑推理得到灯坏了这个结论。这就是我们在前文提到的溯因推理。

聪明的你可能要问了:“咦?难道灯不亮就是坏了吗?不能是没电或者根本没按开关吗?”当然这也是有可能的。通过一个条件，我们能得到的结论往往不止一个(图2-2)。又如，你看到妈妈买了排骨，那么晚上吃的可能是红烧排骨、糖醋排骨，也可能是排骨汤。

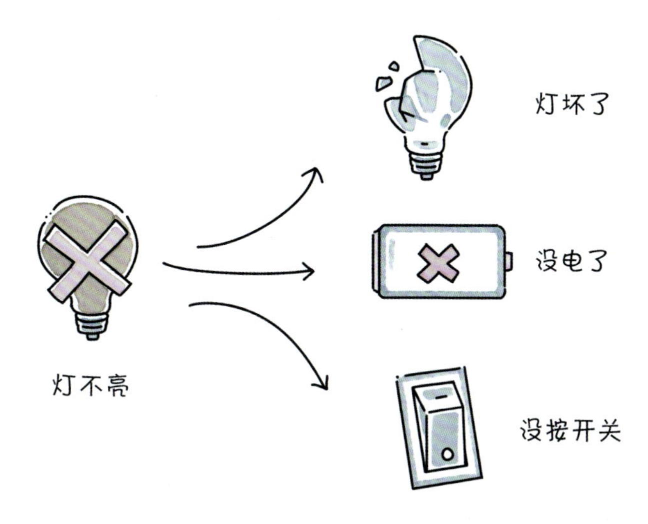

图2-2 由“灯不亮”可以推理出多个结论

我们怎么才能知道哪个结论是正确的呢?找到正确答案的过程其实就是“搜索”。一般来说，我们可以一个一个地试，这种搜索方法称为遍历或者穷举。

事实上，仅知道灯坏了是不够的，我们的目的是找到让灯亮起来的办法。在现实中，对于所遇到的问题(灯不亮)，我们往往无法仅凭一次推理就得到结果，而是需要根据这次推理结果(比如灯坏了)去做新的推理，如此往复，最终得到解决这一问题的方案(换灯泡，图2-3)。

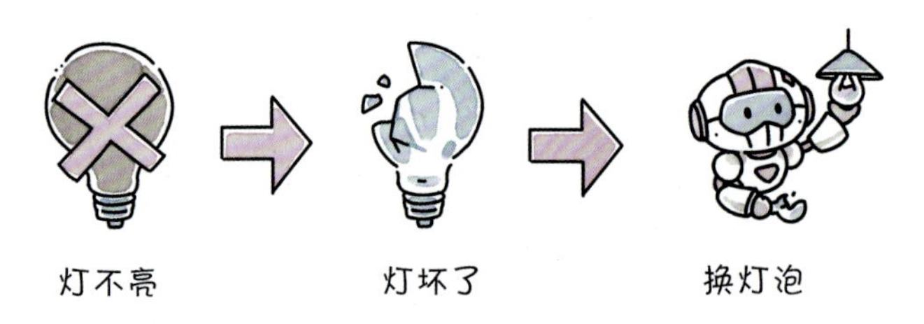

图2-3 解决问题需要经过多次推理

每一步推理会有很多可能，而且在推理过程中，我们还要列出各种可能的情况，这就像一棵分叉的树，从树干到树枝，再到树叶（图2-4）。

图2-4 解决“灯不亮”问题的搜索树

最初的假设或者条件就是树干；树干分叉出的树枝，就是推理得到的多个结论；每一根树枝又会被用作新的条件进行推理，得到下一层新的树枝。我们需要的结论就藏在这棵枝繁叶茂的大树当中，等着我们来搜索、找寻，为此我们把这棵树称为搜索树。计算机就要像一只小虫子一样，依次爬过每一根树枝、每一片树叶，耐心搜索，直至找到需要的结果。

通过搜索树，我们就可以列出从最初的条件能得到的所有结论，从而条理清晰地找到想要的答案。

第二个开创性贡献是引入了启发式算法。

搜索树其实非常烦琐，需要把所有可能的结果列举出来。此外，搜索树有一个缺点，那就是随着层数的增加，它的规模会飞速增长。如果只做1层推理，我们可以很快找出结果。但是如果要做10层推理，做100层推理呢？搜索树每一层都会分叉，即便每根树枝只分出两个叉，也就是每次推理得到2个可能的结果，那么1层搜索树的顶端会有2个分支，2层就是2×2=4个分支，10层就有10个2相乘，是1024个分支，20层就超过100万个分支了。在这么多分支里，如果我们一个一个试，要找到正确的结果，需要的人力、物力以及时间成本是非常高昂的！因为搜索树规模的增长速度堪比爆炸，所以我们把这个问题称为组合爆炸（图2-5）。

图2-5 搜索树有“组合爆炸”问题

这时，我们就要考虑使用一些快捷方法，比如启发式算法。启发式算法就是根据经验或者直觉来猜测答案会在哪个方向，这样就能缩小搜索树的规模，让我们能在可接受的时间里找出结果，不用等很长时间。

比如，我们发现灯不亮，想到前两天刚换过新的灯泡，就可以暂时不考虑灯泡坏了的情况。

不过，“走捷径”也是要付出代价的。启发式算法一般能比较快地得出结论，但得出的结论并不一定是最好的，甚至有时候根本得不到正确结果。如果灯不亮，你因为刚换过就觉得灯泡一定是好的，那么可能会与真正的原因擦肩而过——新买的灯泡质量太差，没用几天就又坏了。

启发式算法虽然对人工智能和心理学影响很大，但是逻辑学家往往不太喜欢它。

第三个开创性贡献是列表处理语言。

在此之前，大多数计算机基本上只能处理数字计算，可以说是名副其实的“大号计算器”（实际上，当时一般计算机的性能比现在的很多计算器还要差很多）。但我们知道，作为符号主义的人工智能，“逻辑理论家”是要处理符号的。为了解决这个问题，纽厄尔和司马贺发明了表处理功能——信息处理语言就是为了这个功能而发明的。现在，表处理功能仍然是各种编程语言中极为重要的一种功能。

继合作开发“逻辑理论家”之后，纽厄尔、克里夫和司马贺三人又合作了很长时间，他们也被称为“NSS（Newell、Shaw和Simon）三人组”。

NSS后来还开发了“通用解难器”。“通用解难器”可以说是“逻辑理论家”的升级版，它不仅可以解决数学问题，还可以解决更广泛的问题。理论上，只要是能被形式化的符号问题，都能交给“通用解难器”解决，比如证明几何问题、下棋。可惜的是，理论和现实还是有差距的，由于存在组合爆炸的问题，“通用解难器”真正能解决的问题非常有限。不过，它可能是首个体现出“像人一样思考”这个特点的程序。它解决问题的过程和人类的思考顺序非常相似。

NSS三人组还开发了一个下棋程序，并实现了麦卡锡提出的α-β剪枝算法。这种算法也可以用来缩小搜索树的规模。这里的“剪枝”就是把用不到的分叉去掉（图2-6），是不是很形象？启发式算法同样是一种剪枝算法。

图2-6　α-β 剪枝算法最早由麦卡锡提出

趣闻

为什么“逻辑理论家”要去证明罗素的《数学原理》

伯特兰·罗素（Bertrand Russell）是著名的哲学家、数学家和逻辑学家。他一生有非常多的成就，在很多领域都是名副其实的大师，甚至获得过诺贝尔文学奖。他的各种成就中很重要的一项就是和他的老师合著的《数学原理》。罗素的目标是让逻辑“统治”数学的每一个角落。他取得了很大的进展，但还没有完全成功。后来，哲学家库尔特·哥德尔（Kurt Gödel）证明了这是永远不可能完成的，数学确实大多会涉及逻辑，但是总有一些地方是逻辑鞭长莫及的。

罗素最开始写作《数学原理》是因为想到了一个悖论。所谓悖论，就是逻辑上互相矛盾的问题。自相矛盾就是一个典型的悖论。

简单来说，罗素想到的那个悖论是这样的。

小城里的理发师说：“只为而且一定要为城里所有不为自己理发的人理发。”

但问题是：理发师该为自己理发吗？如果他为自己理发，那么按照他的话“只为城里所有不为自己理发的人理发”，他不应该为自己理发；但如果他不为自己理发，同样按照他的话“一定要为城里所有不为自己理发的人理发”，他又应该为自己理发。

这个就是著名的理发师悖论。也许在现实中，光头理发师能解决这个问题（图2-7）。不过，数学上可不能这么投机取巧。实际上，真正的罗素悖论用数学语言写成，也更加复杂。

图2-7 光头理发师能不能解决“理发师悖论”

罗素创作《数学原理》的过程非常痛苦。彼时，他在生活上遇到了各种困难，但更让他痛苦的还是写作时遇到的困难。这一悖论远远比罗素开始想的更难，毕竟这是让很多数学家都头疼，让数学发展陷入困境的问题。本来他和怀特海德以为只要一年就能写完，但实际上这一写就是10年。

经过努力研究，罗素终于想到了一个办法可以解决罗素悖论，并最终完成了多达3卷的《数学原理》。其实他本来还想写第4卷，但实在是力不从心了。

《数学原理》是罗素呕心沥血的作品，而且出于对逻辑的热爱，他在书里把数学中的大部分内容都用逻辑问题表示出来了，非常全面，所以对于研究数学逻辑的“逻辑理论家”来说，这是一个相当合适的领域。只要能证明大师的作品，就足以说明“逻辑理论家”的水平也不错。

“罗素的茶壶”是什么

提到罗素，还有一个很有名的东西是“罗素的茶壶”。这个茶壶可不是罗素用来喝茶的，而是飞在天上的，它位于地球和火星之间，围绕太阳转（图2-8）。

宇宙里为什么会有一个茶壶呢？大家肯定都不相信吧！既然不相信，就去找找证据，证明它不存在吧。还要说的是，这个茶壶非常小，用最先进的望远镜也看不见！

图2-8 “罗素的茶壶”

大家肯定觉得这有点无中生有。宇宙里怎么会有个茶壶呢？这也太不靠谱了！这么说只是在吹牛抬杠而已吧！

一般来说，证明存在比证明不存在容易得多。毕竟说明存在只需要举出一个例子，但是证明不存在必须考虑到所有情况。谁又能一寸寸地扫描地球和火星之间的每个角落，去验证一个茶壶根本不存在呢？在生活中，空穴来风的事大多如此，但是辟谣要付出极大的努力。

罗素认为，证明一个假设是对的，是假设提出者的责任。在得到验证之前，只能认为这是一个猜想，不能直接把这个想法当成真的。

研究自动定理证明的华人科学家

定理证明可以说是最能体现符号主义特点的领域了，符号主义后来的各种成果，大多是从机器证明定理发展而来的。华人科学家也在这个领域做出了很多贡献，其中最重要的是王浩和吴文俊。

王浩是我国著名的数理逻辑学家，在数学、计算机领域也做出过开拓性的贡献。王浩这样的逻辑学家并不喜欢“逻辑理论家”和启发式算法，甚至一些早期的定理证明论文题目也故意写着“非启发式”（图2-9）。他甚至认为“逻辑理论家”既不专业又粗糙。

图2-9　王浩等数理逻辑学家不太喜欢启发式算法

1958年，王浩运用数学方法，开发了自己的自动定理证明程序，只用9分钟就证明了《数学原理》中的几百条定理。这些定理比“逻辑理论家”证明的那些更难，甚至时至今日，也没有什么新成果可以大幅超过王浩的程序。这样的成绩可比“逻辑理论家”好太多了，而王浩也因此在1983年获得了“数学定理机械证明里程碑奖”。

不过，司马贺觉得有些委屈，他觉得“逻辑理论家”和王浩所关注的内容是不同的。他们的主要目的不是能更快、更好地做数学证明，而是要模拟人类的思考方式。选择定理证明这种方式，只是为了方便。这就好比司马贺他们做了一条玩具鱼，而王浩造出了一艘潜水艇。潜水艇当然比玩具鱼快多了，但是如果要研究鱼是怎么游泳的，用潜水艇就不合适了，毕竟它没法像玩具鱼一样摆动尾巴（图2-10）。

图2-10 潜水艇和玩具鱼哪个更好？这可不能只看谁的速度更快

这个区别也让他们的成果所产生的影响有所不同。“逻辑理论家”是人工智能历史上最重要的成果之一，而作为人工智能分支的自动定理证明，偏偏影响不大。也就是说，王浩的研究成果受到了逻辑学家的广泛认可，可是未能受到人工智能科学家的广泛青睐。

在此之后，王浩还做了进一步的研究，对计算机科学理论的发展影响深远。

王浩是逻辑类型定理证明的先驱，吴文俊则是几何类型定理证明的开拓者。

吴文俊是我国著名的数学家、中国科学院院士，他最开始研究的是数学中的拓扑学，年仅37岁就取得了世界瞩目的成就。

20世纪70年代，吴文俊开始研究中国数学的历史。他发现中国古代数学经常会把研究图形的几何问题转化成计算问题，而计算问题是可以让计算机处理的，也许可以从这个角度来研究自动证明几何问题。于是他在58岁那年开始学习计算机，学习编程。只用了不到两年的时间，他就发明了吴方法，解决了“几何证明机械化”这个世界级难题。1997年，吴文俊荣获机器定理证明领域的最高奖项Herbrand奖，这是该奖项首次授予中国科学家。

成果卓著的大数学家并不是书呆子。闲暇之余，吴文俊也很会玩。60岁的时候，他去美国，突然想坐长途客车旅游，横穿美国。78岁时，他玩心大起，把一条蛇缠绕在自己身上（图2-11）。83岁时，他还到泰国骑过大象。他还喜欢看闲书、看电影，兴趣非常广泛。

图2-11　爱玩的吴文俊院士

机器能通过思考和人对话吗

人和小猫小狗有什么区别呢？你一定会脱口而出“长得不一样呗”。说得没错，但是还有一个区别非常重要：语言不同。小猫“喵喵”叫，小狗“汪汪”叫，而人类也有自己的语言。人类的语言非常发达且复杂，能表达各种各样的含义。那么，如果让机器也能说话，能和人交流，是不是就说明机器也会思考了呢（图2-12）？计算机理论的先驱，大神级科学家艾伦·图灵（Alan Turing）也想过这个问题，还提出了图灵测试。

图2-12　会不会说话是判断有没有高级智能的一种方式

那么，如何才能让机器学会语言呢？很多科学家认为，语言同样是一种符号系统，各种字或者单词就是符号，说话、交流就是把这些符号通过语法规则组合起来，并且不停地变来变去、换来换去。这个想法是不是看起来很眼熟呢？没错，它和人工智能的符号主义观点很相似。因此，让机器也能说话自然成了符号主义的一个研究目标。

第一个能聊天的人工智能会说什么

第一个能聊天的人工智能是对话程序ELIZA。它是一段计算机程序，可以和人聊天。ELIZA是约瑟夫·魏森鲍姆（Joseph Weizenbaum）发明的。1964—1966年，魏森鲍姆受到图灵测试的启发，在麻省理工学院人工智能实验室开发了这段程序。值得一提的是，这个实验室正是达特茅斯会议的发起者麦卡锡和马文·明斯基（Marvin Minsky）创办的，这也是世界上第一所人工智能实验室，不过当时麦卡锡已经去了斯坦福大学。

ELIZA这个名字来自乔治·伯纳德·萧（George Bernard Shaw）的剧本《卖花女》（*Pygmalion*）。女主角伊莉莎（Eliza）是一个出身贫寒的卖花女，她讲方言带有很浓重的口音，但是在语音学家希金斯（Higgins）的教授下，她学会了上层社会的口音。魏森鲍姆选择这个名字是为了强调它的语言能力可以在“老师”（也就是程序员）的帮助下不断提高。但是就像《卖花女》中的伊莉莎只是作者笔下的角色一样，即使ELIZA可以变得更聪明，但它还是受程序员控制的。

ELIZA可以模仿心理治疗师，通过文字和人类进行交流。以下就是一段ELIZA作为心理医生和一个高中女生的对话。

女生：I need some help, that much seems certain.（我需要帮助，这是肯定的。）

ELIZA：What would it mean to you if got some help?（得到帮助，对你意味着什么？）

女生：Perhaps I could learn to get along with my mother.（也许我能学会怎么和我妈相处。）

ELIZA：Tell me more about your family.（跟我说说你的家庭情况吧。）

女生：My mother takes care of me.（我妈照顾我。）

ELIZA：Who else in your family takes care of you？（你们家还有别人照顾你吗？）

女生：My father.（我爸。）

ELIZA：Your father?（你爸？）

女生：You are like my father in some ways.（你有点像我爸。）

ELIZA：What resemblance do you see?（哪儿像？）

女生：You are not very aggressive but I think you don't want me to notice that.

（你不咄咄逼人，但是你不想让我注意到这一点。）

ELIZA看起来还挺善解人意的，很多人也确实感觉他们好像在和真的心理医生聊天。

为了测试ELIZA与人互动的能力，魏森鲍姆观察了很多学生、同事与ELIZA的聊天过程。虽然测试者和ELIZA聊天的时间不长，但是他们的确与这段程序有情感交互。他们会和ELIZA聊起自己生活中的困难、和朋友之间的矛盾。

尤其是魏森鲍姆的助手，每次和ELIZA交流，都坚持让别人离开。她不愿让别人看见自己一会儿哭一会儿笑，觉得这样太难为情了。

还有一次，BBN公司的一位副总来找魏森鲍姆，也和ELIZA聊了一会儿。他不了解ELIZA的事，还以为对面是真人，于是走的时候输入“给我打个电话，号码是XXX-XXXX”。结果，ELIZA居然直接不理他了。他很生气，觉得这个ELIZA实在是太没有礼貌了，哪怕不愿意打电话也要回复一下吧！但实际上是因为他最后一句话没有输入句号，ELIZA以为对方没有输入完，还在等着他继续打字呢（图2-13）。

图2-13　如果没有输入句号，ELIZA就不知道你说完了

实际上，ELIZA真的可以理解人类说了什么吗？其实这只是一个假象。魏森鲍姆用了一种很聪明的办法，ELIZA模仿的这一类心理医生基本不会说自己的想法，主要通过倾听和鼓励，引导咨询的人多说说自己的情况，帮助他们认识到自己的问题。

既然不需要有自己的想法，那就容易多了。ELIZA通过一套规则，识别使用者话中的关键词，然后转化生成相应的回复。

示例如下：

用户：(* 你 * 我)[输入]

(1 2 3 4) [序号]

->

ELIZA：（是什么让你觉得我 3 你？ ）[转换模板]

如果用户说“你讨厌我？”，ELIZA就会匹配到这条规则，然后用输入中的3号位置，去替换转换模板中的3，进而回答：“是什么让你觉得我讨厌你？”（图2-14）。

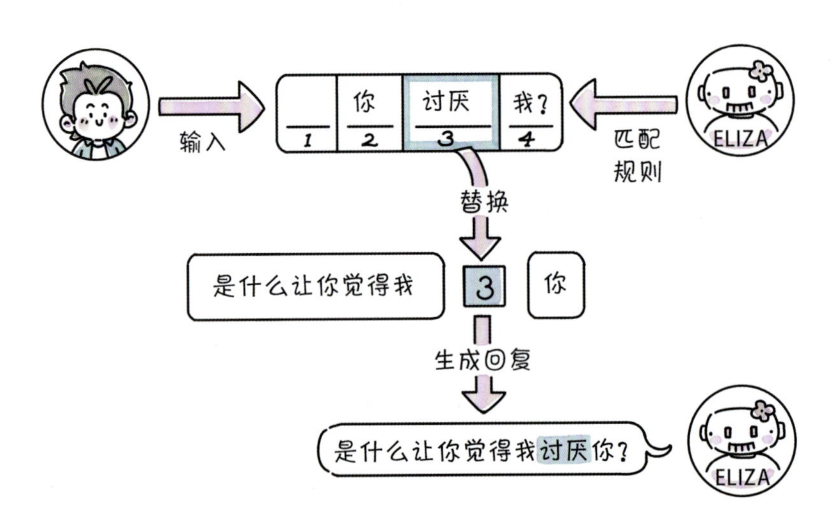

图2-14 ELIZA只能根据规则进行回复

这只是规则之一，为了让ELIZA看起来更像真人，还有很多其他规则。

那么，用户说的话刚好不符合任何一条规则，该怎么办呢？

放心，ELIZA不会卡壳儿。如果用户之前说过“我的”，它就会记住这个词，等到无法使用任何规则时，就会用这个词生成合适的回复。比如，用户说过“我的狗很可爱”，ELIZA就可能说“我们再多聊聊你的狗吧”。

如果提过的话题都用过了，它还有一个杀手锏可以用：“请继续说/很有趣/我明白了。”

ELIZA就是严格遵循了这种简单规则，让人们以为机器真的理解他们。实际上，魏森鲍姆只用不到200行代码就实现了这种效果。

但是有一点让魏森鲍姆非常惊讶和担忧。即使他对用户解释了ELIZA的工作原理，解释说它根本理解不了人类说的话，人们还是会觉得ELIZA很有亲和力。前面提过的魏森鲍姆的助手就是一个很典型的例子，她亲眼看着ELIZA是用代码一点点写出来的，却同样对此尤为着迷。

这让魏森鲍姆对图灵测试产生了怀疑。只通过对话，真的可以判断人工智能是否会思考吗？明明知道不是真的，为什么还是会沉迷在这么简单的规则里呢？似乎只要看起来像，人类就愿意相信这是真正的对话，所以只要人类理解计算机就好了，不需要计算机理解人类。

这对魏森鲍姆影响很大，他后来转变了研究方向，努力提醒人们，不要沉迷在程序组成的虚拟世界里。机器并不像人们以为的那么聪明，虽然有时它们好像会说话，但它们从来不会真正地倾听。

有人工智能医生，有没有人工智能病人呢

有人研究医生，也有人研究病人。精神病学家肯内特·科尔比（Kenneth Colby）在1972年模仿偏执狂病人开发了聊天程序PARRY。PARRY一方面可以用来培训精神科医生，另一方面可以用来理解病人的症状。

PARRY也是一段计算机程序，它的原理和ELIZA的差不多，都是基于规则的，不过PARRY控制结构更好，其语言能力也更强。PARRY还有一个很奇妙的功能，那就是模仿人类的情绪变化。PARRY有两种情绪，一种是愤怒，另一种是恐惧。有些话题会使PARRY的愤怒值增加，如果愤怒值太高，它就会选择有敌意的句子来回复。如果提到有关妄想的内容，就会使它的恐惧值增加，然后挑选有关妄想的句子并输出（图2-15）。

图2-15 PARRY可以模仿病人

下面是一段PARRY和精神科医生的对话，聊到最后，它生气了。

医生：Are you connected with the Mafia?（你和那些坏人有关系吗？）

PARRY：You know, they know me.（你知道，他们认识我。）

医生：How do they know you?（他们怎么会认识你？）

PARRY：They spy on me.（他们跟踪我。）

医生：Why do they?（为什么？）

……

PARRY：I have incriminating evidence against the Mafia.（我有能让那些坏蛋坐牢的证据。）

医生：Are you sure of all this?（你能肯定吗？）

PARRY：You don't believe me?（你不相信我吗？）

医生：I am doing my best.（我尽力。）

PARRY沉默。心理医生沉默。

PARRY：Can't you think of a decent question to ask?（你能想出一个靠谱的问题来问吗？）

医生：You seem to hostile to me.（你有点敌意啊。）

PARRY：Some of your remarks annoy me.（你的问题很讨厌。）

医生：I am sorry.（抱歉。）

PARRY：Forgot the excuses, you guys are all alike.（别找借口了，你们都一个德行。）

PARRY的行为相当逼真，如果仅在实验这一领域，它甚至可以通过图灵测试！让精神科医生去分辨真的病人和PARRY，成功的概率只有48%，这个数字和直接随意乱猜得到的结果是一样的。

人工智能医生遇上人工智能病人会说什么

有趣的是，ELIZA和PARRY还聊过天呢！1972年，它们通过现在互联网的前身——阿帕网（ARPANET）进行了“心理咨询”。

下面是它们的一段对话，看起来ELIZA的服务让PARRY不太满意。

……

PARRY: The way you repeat yourself is getting ridiculous.（你重复自己的方式的话，就越来越荒谬了！）

ELIZA: Suppose you repeat myself is getting ridiculous.（要是你重复我的方式的话，就越来越荒谬了。）

PARRY: There are some tricky operators down there.（有一些棘手的选手。）

ELIZA: Are there really some tricky operators down there?（真的有一些棘手的选手吗？）

PARRY: The guys involved in the horseracing racket.（那些参与赛马的人。）

ELIZA: Please go on.（请继续。）

……

PARRY: You are a real nag.（你真是啰唆。）

ELIZA: Does it please you to believe I am a real nag?（认为我真啰唆会让你高兴吗？）

PARRY: I have had enough of this.（我听够这个了。）

ELIZA: What does that suggest to you?（那对你意味着什么？）

PARRY: Goodbye.（再见。）

ELIZA: It's been my pleasure, that's $399.29 please.（很荣幸为你服务，请付399.29美元。）

这段对话实在是让人哭笑不得，在没有人类参与的情况下，机器之间的对话显得非常空洞，因为这些原始的人工智能只能根据写好的规则进行反应，不能创造新信息。不过对比起来，确实还是PARRY的表现好得多，ELIZA只会一遍遍地说车轱辘话，而且没有逻辑。

人工智能可以听懂命令并完成任务吗

马文·明斯基是达特茅斯会议的发起者之一，也是符号主义的元老（他还是另一种人工智能学派——联结主义的奠基人之一）。达特茅斯会议之后，他和麦卡锡到麻省理工学院创建了人工智能实验室。这也是刚才说的开发出ELIZA的地方。

明斯基一直致力于让人工智能程序更好地解决现实生活中的问题。不过现实生活中的问题大多比较复杂，当时的人工智能程序又远不够“聪明”，所以明斯基和他的学生们选择从一些简单的问题开始。他们对现实世界做了大幅简化，这样做是为了让人工智能程序能够解决简单的问题。他们把这样的世界称为微观世界。

比如，明斯基的学生丹尼尔·G.博布罗（Daniel G. Bobrow)开发的程序STUDENT，能做简单的数学应用题。它和“逻辑理论家”之类的人工智能不同，“逻辑理论家”做的是用严谨的数学语言写成的证明题，而STUDENT做的是用我们平常说的自然语言写成的应用题，比如下面这道题：

如果汤姆招揽到的顾客数是他做的广告数的20%的平方的2倍，已知他做的广告数为45，那么汤姆招揽到多少名顾客？

除了STUDENT，明斯基和他的学生们还发明了各种各样的微观世界，其中最著名的是积木世界——它由放在桌面上的一组各种形状的积木组成。这个世界中的典型任务是用机器手每次一块地移动积木。

特里·维诺格拉德（Terry Winograd）开发的SHRDLU是积木世界中的佼佼者。这个奇怪的名字取自一种键盘的字母顺序。我们可以去看看平时用的计算机键盘，上面第一排字母横着看依次是Q、W、E、R、T、Y、U、I、O、P。但是很久之前，还有一种键盘是把ETAOIN放在第一列，SHRDLU放在第二列（图2-16）。ETAOIN SHRDLU也是维诺格拉德中学时代看过的一本科幻小说的名字，其中讲到了一台想要统治世界的人工智能打字机。维诺格拉德在给这个AI程序起名时，绞尽脑汁也想不到满意的名字，一筹莫展之际，突然想到了这串字母。

图2-16　SHRDLU这个名字来自键盘排列是ETAOIN的打字机

SHRDLU知道每个积木块的各种属性，比如长、宽、高、颜色、形状，这样就把这些积木理解为“符号”。维诺格拉德还编制了处理符号的规则，也就是积木块之间的叠放规则，比如锥形积木顶上无法再放置另一块积木。

人们可以直接用英语，而不是专门设计的指令来下命令，让一个机械手对积木世界进行操作，比如拿起某块积木放在另一块上。如果SHRDLU不确定人的命令，也会提问。

SHRDLU表现确实很不错。如果让SHRDLU拿起蓝色积木，而蓝色积木刚好被压在红色积木下面，它会知道先把红色积木拿走（图2-17）。

图2-17　SHRDLU可以听指挥移动积木

当时制造机械手还很难，所以最开始的积木世界是虚拟显示在屏幕上的。不过后来，明斯基成功开发出了有视觉和触觉功能的机械手，把SHRDLU变成了真正的机器人。

SHRDLU要比ELIZA复杂得多，也有意义得多。它除了能和人对话，还有很多别的技能，比如识别图形。它的成功的确给了当时的人工智能科学家很大的鼓舞，但也让他们对此过分乐观了。

不尽如人意的人工智能发展

实际上，在人工智能发展早期，不论是“逻辑理论家”、ELIZA还是SHRDLU，人工智能真正处理的问题都很小、很简单。但和之前几年计算机只能用来算数相比，一点进步都足够让人惊喜了。这就好像父母看到婴儿咿呀学语、蹒跚学步，会感觉很惊喜一样（图2-18）。不可否认，这的确是很大的进步，但是要让人工智能在实际生活中发挥更大的作用，还差得远呢。

图2-18　早期人工智能的每一点进步都让科学家们非常激动

不过当时的科学家们没有清楚地意识到理论和现实的差距，“孩子”的进步让他们变得激进起来。司马贺受到“逻辑理论家”的鼓舞，曾在1958年预言“计算机在10年内就会成为国际象棋冠军。”但实际上这个目标过了40年才实现。1965年，他又预言“20年内机器将能完成人能做到的一切工作。”明斯基也有类似的想法，他曾预言“在3~8年的时间里，我们将得到一台具有人类平均智能的机器。”而实际上，即使现在已经过去50多年了，在很多领域，人工智能距离人类智能平均值还相去甚远！

在研究人工智能之初，人们非常希望人工智能可以很快用在翻译上，但是经过多年的发展，效果并未达到预期。把“心有余而力不足”从英语翻译成俄语，再翻译回英语，就变成了“伏特加酒是好的而肉是烂的”。实际上，机器翻译这个问题，直到近几年才有所进展。

人工智能的发展遇到了哪些困难

人们在用人工智能解决现实问题的过程中遇到了很多困难。

首先，很多现实问题非常复杂，处理起来需要进行大量的计算。例如单单一个组合爆炸问题，就需要计算机具有极强的计算能力。这是早期的计算机所欠缺的。有的科学家认为，如果计算机性能没有达到一定的水平，那么人工智能可能永远也无法实现，而他们估计当时的计算机离这个门槛还差很多。处理复杂现实问题需要的超强计算能力，和当时计算机薄弱的计算能力之间的矛盾，就是人工智能发展面临的一个重大难题。

解决现实问题，就要让人工智能了解现实。可是该怎么做呢？SHRDLU要把各种积木的属性写到程序里，才知道怎么移动积木，那么现实中可以搬东西的人工智能，就要把世界上所有物体的属性写到程序里吗？这么多内容，如何才能做到呢？科学家们对此一筹莫展。找不到将极其丰富的现实信息写入人工智能程序的方法，这是人工智能面临的又一个困难。

还有一点也很让人头疼，人和计算机擅长的东西似乎正好相反。对于计算3735873×236343这种问题，计算机能快速得出答案，普通人却要算上好一会儿；但是，如果要从一堆图案里找出一只小猫，人很容易就能做到，计算机却无论如何也做不到（图2-19）。即使到现在，对于这种人类看一眼就能解决的问题，计算机也仍要经过复杂的数学处理和大量计算才能做到。科学家们把这个现象叫作莫拉维克悖论。

图2-19　人脑和计算机擅长不同的工作

除此之外，各种大大小小的困难还有很多。科学家们逐渐意识到，相对于人工智能发展的需要来说，科学的发展水平可能已经不太够用了。

人工智能的寒冬

在接连不断的打击下，人们对人工智能失去了信心，来自政府和社会的资金支持也不断减少。在经费短缺的情况下，人工智能科学家们的研究难以为继，例如无法再制造高性能的专用计算机，无法支付大型计算机运行的电费，无法支付相关工作人员的工资。人工智能领域的发展面临着困境。

到了1974年，人工智能的发展第一次陷入了寒冬（图2-20）。

图2-20 人工智能发展的第一次寒冬

让机器掌握知识

禾木： 唉，没想到人工智能的发展这么艰难！陷入寒冬的人工智能还有希望吗？

小核桃： 其实只论推理能力，之前的人工智能已经很不错了。只不过它们还缺少一把关键的钥匙，那就是知识。“学而不思则罔，思而不学则殆”，人类要掌握知识，才能有智慧，人工智能也是如此。只有推理和知识合力，才能打开智慧的大门。下面我们就一起来看看掌握了知识的人工智能到底能做什么？科学家们又是如何让人工智能掌握知识的呢？

成为“化学家”的人工智能

人工智能的寒冬一直持续到20世纪80年代初，带来转机的是人工智能专家系统。

每当遇到难以解决的问题，人们经常会请教专家。那么能不能让人工智能来充当专家呢？

计算机也能成为专家吗？如果只说数字计算，计算机确实算得上专家。但是其他领域呢？不同领域的专家可以解决不同领域的复杂问题：医学专家能诊断治疗很多疑难杂症；药学专家能分析和制造药物；农业专家可以种出蔬菜和粮食（图3-1）。这些，计算机也能做到吗？

图3-1　不同领域的专家可以解决不同领域的复杂问题

这确实是有可能的。实际上，第一个专家系统在人工智能遭遇寒冬时就已经出现了，那就是用于分析分子结构的DENDRAL。

DENDRAL的发明来源于一次多门学科的合作。

美国分子生物学家乔舒亚·莱德伯格（Joshua Lederberg）在33岁时就获得了诺贝尔生理学或医学奖，他的主要研究方向为遗传学、人工智能和太空探索。当时的莱德伯格在研究寻找外星生命。他用一种名为质谱仪的设备分析在火星上采集的数据，推测有没有生命存在。但是质谱仪分析得到的结果要掌握化学知识才能看懂，而莱德伯格是研究生物的，所以很难看懂这些结果（图3-2）。

图3-2　生物学家莱德伯格很难看懂质谱仪分析的结果

正巧，他在一次会议上遇到了研究人工智能的爱德华·阿尔伯特·费根鲍姆（Edward Albert Feigenbaum，不是发明聊天机器人ELIZA的魏森鲍姆哦）。费根鲍姆正在研究怎么才能让人工智能会学习，莱德伯格也需要一个化学领域的专家帮他看图。那么，干脆就让人工智能学化学，然后看图吧！于是两个人开始了愉快的合作。

不过这里还有一个问题，谁来教化学呢？他们俩可都不太懂化学。还好费根鲍姆认识一个朋友——化学家卡尔·翟若适（Carl Djerassi）。这位化学家的名字很像中国人，但实际上他是保加利亚与奥地利裔美国人，“翟若适”这三个字只是根据发音翻译得到的。

于是，三位科学家的跨领域合作开始了。莱德伯格负责统领全局并提出相关思路——他不仅在生物学上很有造诣，还有着很强的领导力；翟若适和他的学生负责提供化学专业知识和经验，总结出质谱数据和分子结构之间的关系；费根鲍姆带领计算机团队，把这些化学知识写成程序。费根鲍姆的团队最终花了5年时间才实现了莱德伯格的想法，开发出了DENDRAL。

不过最终所取得的成果让这5年的等待相当值得，DENDRAL的判断甚至比翟若适的学生还要准确。DENDRAL为后来人工智能研究的复苏埋下了种子，时至今日，它也算得上是最成功的专家系统之一了。

人工智能智慧的钥匙究竟是什么

我们不难看出，DENDRAL能分析质谱仪的数据，其实是因为它掌握了真正的化学家翟若适的知识。实际上，专家能够解决很多问题，就是因为他们能灵活运用丰富的知识和经验。那么，只要我们让计算机也掌握这样的知识，并根据这些知识进行推理判断，模拟专家的思维，就可以实现专家系统了。

专家系统其实就是一类具有专门知识和经验的人工智能程序系统，能通过知识推理手段来模拟通常由相关领域专家才能解决的复杂问题。我们可以这么说，专家系统就是知识库和推理机的组合。在“逻辑理论家”的时代，科学家们已经实现了能推理、能思考的机器。而知识，正是开启人工智能智慧的钥匙。

专家系统是如何“学会”知识的

对于人类来说，知识是照亮智慧的明灯；对于人工智能，知识同样是通往智能化的钥匙。怎么才能把知识变成计算机能够理解的形式呢？这就是知识表示问题。

逻辑推理本身就是一种表示知识的方法。在我们的生活中，有很多表示为逻辑推理的知识，比如“如果下雨，地就会湿”。

还有很多知识不属于逻辑推理的范畴。比如，如果屋里太暗，就把灯打开；如果写完作业，就可以出去玩。这些句子不是原因和结果的关系，所以不能算作逻辑推理。不过它们和逻辑类似，也是只要条件达成，就可以得到结论，或者可以执行相应的动作。我们就称它为“基于规则的推理”。用这种规则来表示知识，称为产生式规则。把很多条产生式规则组合起来，就可以得到产生式系统。DENDRAL 使用的就是产生式系统。

产生式系统非常直观，差不多就是我们平时描述和思考问题的方式。它由很多条“如果……，那么……”组成。

比如，你遇到一个外星人，它想过马路。作为一个“土生土长”的地球人，你有着丰富的过马路经验，就可以用产生式规则来把过马路的知识告诉它：

规则1：如果信号灯是红色，那么禁止过马路。

规则2：如果信号灯是绿色，那么可以过马路。

规则3：如果信号灯是黄色，那么应在确保安全的原则下通行。

规则4：如果遇到救护车等，那么主动避让。

当然，现实中的专家系统可不会只包含几条规则这样简单，而是可能包含几百甚至几万条规则。

产生式规则整洁、清晰、井井有条，一看就知道是怎么回事。只要增加几条新规则，就可以解决更多的问题，非常方便。它可以说是继承了麦卡锡的思路。作为忠实的符号主义支持者，麦卡锡喜欢逻辑、规则这类规规矩矩的方法。我们可以把这种想法称为简约派。

简约派的人工智能是根据规则和逻辑来解决问题的（图3-3）。不过很明显，人类并不总是这样。难道我们走路怎么抬腿也要像机器人一样想想规则，考虑一下先迈哪条腿吗？对于这种想法，麦卡锡不是很在意，对他来说，“人类怎么思考是无关紧要的，真正想要的是解决问题的机器，而不是模仿人类进行思考的机器”。

图3-3 符号主义简约派的人工智能靠规则和逻辑解决问题

此外，用规则来记忆所有的知识也很麻烦。想象一下，如果关于苹果的知识，都是用这样一堆“如果……那么……”来表示，那么吃苹果之前，我们就要先回顾一大堆规则。

……

“如果这是水果而且是有绿色条纹的而且是圆的，那么它是西瓜”，

“如果这是水果而且是黄的而且是长条状的，那么它是香蕉”，

……

“如果这是水果而且是红的而且是圆的而且上下都有凹陷，那么它是苹果”，

“如果这是苹果，那么它是甜的”，

“如果这是苹果，那么它是有核的”，

“如果这是苹果，那么它是有皮的”，

“如果这是苹果，那么它是不用去皮的”，

……

“如果这是苹果，那么它是可以吃的”。

天呐，怎么吃个苹果这么麻烦！

这正是产生式规则的一个缺点。当时大部分计算机一次只能考虑一件事（我们可以称之为单线程，图3-4）。这就让“麻烦”这个缺点成为显著的绊脚石——即使知道了这是苹果，还是要去核对系统里的每一条规则，哪怕是香蕉、橘子甚至拖拉机这些完全没有关系的规则。如果系统中有成千上万条甚至更多的规则，那么即便是性能很强的计算机，恐怕也得思考好一会儿才能得出答案。由此可见，在一些需要及时解决问题的场合，单纯的产生式规则也就不太合适了。

图3-4　单线程的计算机每次只能处理一个问题

表示知识的其他方式

明斯基也觉得把人工智能绑在逻辑和规则上是有问题的。不同于麦卡锡，他心目中的人工智能，要能理解语言，听懂故事，拥有情绪和知觉，能像人一样思考。理念的不同让两位曾经的同行者产生了分歧。1962年，麦卡锡离开了他和明斯基一起创建的麻省理工学院人工智能实验室，去了斯坦福大学。明斯基则从人类的思维方式出发，开始使用一些逻辑性不那么强的方法。这种想法和麦卡锡的“简约派”相对，我们称之为芜杂派。

用“框架”来表示知识就是明斯基的成果之一。

实际上，人类记忆并不是记录所有细节（回忆一下你上一顿饭吃了多少口）。明斯基领导的芜杂派在结合了心理学的研究之后认为，人类记忆是把相关的关键信息打个包，放在一起。虽然每个信息包的内容不一样，但是它们的结构大同小异。明斯基把这样的结构称为框架。

比如，苹果的知识，在我们的大脑里可能就是这样一个框架。

框架名：苹果

类别：水果

形状：圆

味道：甜

用途：吃、榨汁

结构：苹果核、苹果肉、苹果皮

品种：富士、国光

态度：喜欢

框架这种方式就比较符合人类的记忆特点了，而且可以很方便地把相关的知识一起找出来，不易被无关的知识干扰。

科学家们还想出了其他一些表示知识的方法，比如语义网络、概念图。近几年比较流行的方法是知识图谱。

知识图谱看起来更像一张网，非常适合表示各种知识之间的联系。图3-5所示的就是一个非常简单的知识图谱。

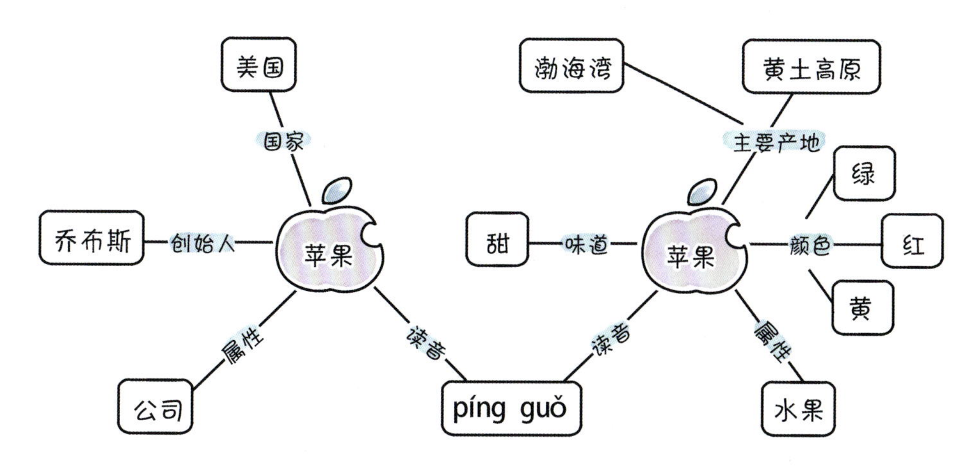

图3-5 “苹果”的简单知识图谱

谁才是第一个真正的专家系统

DENDRAL的核心研发成员布鲁斯·布坎南（Bruce Buchanan）曾对爱德华·汉斯·肖特莱福（Edward Hance Shortliffe）的博士论文给予指导。在论文中，肖特莱福完成了一款可以诊断血液中细菌感染的医疗专家系统，并将其命名为MYCIN。这个系统使用了产生式系统，大概包含500条规则。它的诊断正确率大概有69%。当时的专业血液病医生的诊断准确率可以达到80%，不过69%已经比普通诊所全科医生的诊断正确率要高了。然而，这个系统并没有投入实际应用，毕竟大部分情况下还是由专业医生做最后诊断的。

布坎南和肖特莱福认为，DENDRAL是专家系统的鼻祖。但是也有科学家认为，MYCIN才是专家系统的鼻祖，比如纽厄尔就是这么认为的。因为MYCIN首创了后来作为专家系统要素的产生式规则，那就是不确定性推理。

推理还会不确定吗？当然有可能。我们生活中遇到的很多问题并不是像交通规则那样，红灯停绿灯行，规则明确，而且必须执行。

有些事情本身就是不确定的。比如，我们看到外面乌云密布、电闪雷鸣，就推测“马上会下雨”。但是，一定会下雨吗？这可不好说。虽然干打雷不下雨的现象不多见，但是确实也有乌云、雷电出来亮个相，然后“不了了之”的。我们只能说下雨的可能性非常大，但是不能说一定会下雨。

还有一种不确定是程度上不确定，我们说乌云密布，大雨倾盆，但是多少乌云才算“密布”，多大的雨才算“倾盆”？

除此之外，我们在进行推理的时候，经常会遇到不那么符合规则的信息。有时可能是信息不完整，有时甚至可能互相矛盾。比如，我们知道天上乌云密布、电闪雷鸣就很可能会下雨，艳阳高照就应该不会下雨。但是如果我们在屋里，只能听到雷声，但是看不见有没有乌云，那么会下雨吗？还有的时候既有太阳，又有乌云，会不会下雨呢？

这都是不确定性推理大显身手的地方。要进行不确定性推理，就需要估计一下不确定的程度，打个分，根据这个分数进行运算和推理。对于那种不一定会发生的，我们就可以直接用发生的可能性来作为这个分数。比如，当少数几朵乌云稍微遮住了太阳，人工智能判断出乌云不多，那么下雨的可能性就不大（图3-6）。

图3-6　不确定性推理根据事件发生的程度或可能性来进行

生活中的专家系统

看到效果这么好，很多公司开始对专家系统产生了兴趣。这并不是因为专家系统一定比专家厉害，其实主要是为了节约成本。

不知道大家有没有听过这样一个故事（图3-7）：工厂的机器坏了，老板请来专家进行维修。专家绕着机器看了看，拿过锤子，“咣当”一锤子就敲好了，收费1000元。老板很不服气，明明只敲了一下，自己也会用锤子，凭什么这么贵？专家回答，敲一锤子只要1块钱，但是敲在什么地方要999元。

图3-7 专家具备丰富的专业知识和经验

这位专家能拿到999元，就是靠他的专业知识和经验。只要让专家系统掌握了专家的知识和经验，这笔钱就可以省下来了！这就意味着，只要专家系统开发出来，就可以有很多位“专家”为很多人服务了。

业界看到了这个美好的前景，开始研究和使用专家系统。人们陆续研发出了用于内科疾病诊断的INTERNIST，用于寻找矿藏的PROSPECTOR，用于分析油井储量的DIPMETER，等等。

值得一提的是卡耐基－梅隆大学为DEC公司设计的XCON。这个专家系统可以帮助用户配置计算机（图3-8）。当时要配置计算机可比现在麻烦多了，各种电线、插头、软件什么的，这些都要单独买。所以销售人员就要为客户配置合适的订单，免得客户买回家却发现电线插不进去，软件也无法运行。

但是，销售人员毕竟不是技术专家，所以错误率一直居高不下，DEC公司的客户对此很不满意。1980年，XCON投入使用，终于解决了这个问题。XCON采用产生式系统，有大约2500条规则，准确率可以达到95%以上。综合估计，XCON每年可以为DEC公司节约2500万美元。

图3-8　XCON专家系统能够帮助客户配置计算机

专家系统能大获成功，一方面得益于“让计算机掌握知识”的新思路；另一方面得益于此时计算机的性能比之前大大提高了——20多年过去，计算机的运行速度提升了几千倍。

人们逐渐发现人工智能并不只是科学家的玩具，而是确实能产生实际作用的，于是再次燃起了对人工智能领域的投资热情！重新投入的资金终于让人工智能的研究再次回暖。

过于激进的人工智能计划——第五代计算机

在这场热火朝天的人工智能大潮中，最高潮的部分应该是日本的第五代计算机计划。

什么是第五代计算机

什么是第五代计算机呢？这就要说一说计算机的发展历史了。

第一代（1946—1957）

第一代计算机可以叫作电子管计算机，因为它使用的核心零件是电子管（也叫真空管）。这种零件个头大、容易坏，而且用起来很耗电，但是它可以实现二进制计算，由此成了电子计算机的基础。第一台可以编程的通用电子计算机ENIAC就是电子管计算机。它诞生于1946年，重达30吨，有小房子那么大，而且特别费电，据说只要它一工作，整个城市的灯就都变暗了。它共有大概18000个电子管，平均每两天就要坏掉一个。

第二代（1958—1963）

20世纪60年代，人们开始用比电子管更高级的零件（用半导体材料制成的晶体管）来设计、制造计算机。与电子管相比，晶体管在大小、寿命、耗电量、成本上都有更大的优势。这时的计算机也缩小到了衣橱那么大，而且速度有了很大的提升。

第三代（1964—1970）

科学家们想办法把晶体管越做越小，然后放到了一块电路板上，制成了集成电路，也就是芯片。1964年，计算机开始使用集成电路，进入了第三代。

第四代（20世纪70年代开始）

到了这一阶段，集成电路的技术越来越发达，规模越来越大，微处理器诞生了。计算机的核心CPU就是一种微处理器，指甲大小的微处理器，就可以达到和ENIAC一样的运算速度，且耗电量降低了很多，还不容易损坏。随着体积和价格的下降，以及稳定性的提高，计算机逐渐走进了千家万户。

计算机的核心元件变得越来越精密、越来越好用，计算机的性能也越来越好（图3-9）。

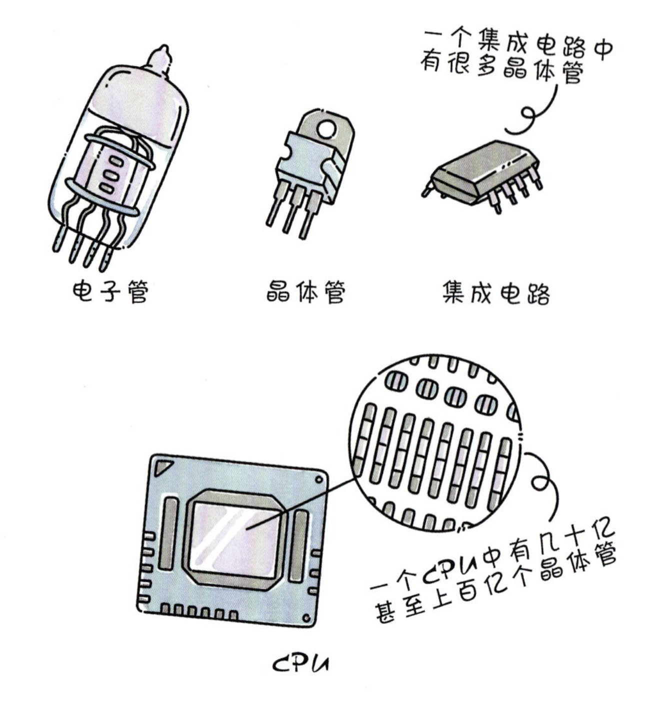

图3-9　计算机核心元件的发展

可以看到，计算机发展的速度非常快，平均每隔5～10年就会更新一代。按照这样的发展速度，20世纪80年代就应该是第五代计算机的时代了。在人工智能的火热氛围下，专家系统让人们看到了计算机达到甚至超过人类智能的希望。于是，有些日本科学家提出，第五代计算机应该是智能计算机。

他们认为，第五代计算机不只是硬件上的更新换代，更应该是结构和软件上的升级。第五代计算机要有视觉、听觉、味觉和触觉；要能认识不同的物体、图形和文字；还要能听懂人说话，能和人交流；甚至你说出想做什么，它就可以直接理解，而不再需要专门编写程序（图3-10）。研究人员把心目中的新一代计算机称为“知识信息处理系统”。其实，这不就是理想中像人一样的人工智能吗？这样伟大的目标真的可以实现吗？

图3-10 愿景：第五代计算机能像人一样感知和思考

第五代计算机的教训

显然，时至今日，我们也没有看到这样的高级人工智能。日本的第五代计算机计划最终宣告失败了。现在看来，智能计算机的想法无疑是好高骛远。

不过在当时，参与第五代计算机计划的科学家们确实相信他们能够改变世界。领导第五代计算机项目的首席科学家渕一博（Kazuhiro Fuchi）曾对他领导的团队说：“将来有一天，回想起来，这段时光会是你们一生中最辉煌的岁月，对你们来说意义非凡。毫无疑问，我们会非常努力地工作，如果计划失败，由我全权责任。”

第五代计算机计划原定10年完成，分为三个阶段实施。渕一博带领团队苦苦奋战了将近10年，几乎没有回过家，长年穿梭于实验室与公寓之间。日本政府也给予了很大的资金支持，整个计划综合预算近10亿美元，在日本可以说是史无前例的。

计划的前两个阶段其实还是获得了不少成果的，而且也推动了全世界范围的人工智能研究。但是最终他们还是无法实现所期望的突破性技术。1994年，第五代计算机计划最终以失败告终。

第五代计算机最终失败的原因有很多。但是归根结底，和上一次人工智能寒冬来临一样，还是与人们对技术的发展过于乐观分不开。实际上，即使现在，我们用的仍然是第四代计算机。有很多人认为量子计算机会成为第五代计算机，目前也有一些还算不错的成果，但是距离真正投入使用还有很远的距离。

寒冬再现

第五代计算机计划的失败，无疑给人工智能泼了一盆冷水。但其实早在1987年，人工智能研究就再次陷入了低谷。

这次寒冬再现的原因仍然是资金的匮乏。一方面，随着个人计算机的出现及其性能的快速提高，大公司对人工智能硬件的兴趣大大下降。另一方面，人工智能技术的研究再次陷入瓶颈，而之前备受推崇的专家系统也逐渐接近能力极限，还暴露出了各种问题，比如难以升级、只适合一些特定场景等。与此同时，计算机的性能仍然无法支持人类所需的更高智能。

最后的致命一击来自计算机领域之外。1987年10月19日（星期一），中国香港爆发股灾，并蔓延到欧洲和美国，历史上称这一天为“黑色星期一”。一个月之内，美国股市下跌了1/5，而人工智能有关的公司在这次冲击中纷纷破产。

就这样，人工智能再次进入了寒冬。

趣闻

最早的通用计算机

ENIAC是“电子数值积分计算机（Electronic Numerical Integrator And Computer）”的英文缩写，顾名思义，这是一台用来做计算的机器。在第二次世界大战中，为了更有力地打击敌人，人们需要对火炮的弹道（也就是炮弹飞行的轨迹）和火力进行精准的计算。但是这个计算过程非常烦琐和复杂，如果只靠人来计算，太麻烦也太慢。为此，美国军方和宾夕法尼亚大学合作，投资50万美元（相当于今天的600万美元），建造了一台能够快速运算的电子计算机。

ENIAC的表现令人惊叹。虽然这台由电子管构成的机器非常笨重，但它的计算速度比之前的计算工具要快上千倍。

ENIAC是第一代计算机的代表，也是第一台可以编程的通用电子计算机。在此之前，也有其他计算机，比如世界上第一部电子计算机——制造于1941年夏天的阿塔纳索夫-贝瑞计算机（Atanasoff-Berry Computer），不过基本只能用于特定功能。相比而言，ENIAC则可以通过重新编程来进行各种计算。

不过ENIAC的编程非常麻烦，甚至比前面说过的打孔卡片编程更麻烦（图3-11），要给ENIAC编程，需要重新连接复杂的线路。

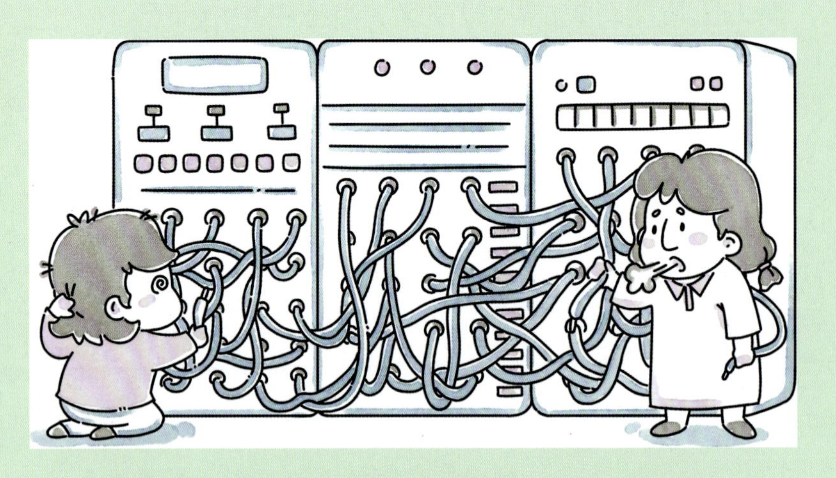

图3-11 给ENIAC编程需要重新连接复杂的线路

给ENIAC编程的是什么人

负责ENIAC编程这项艰难工作的是6位女程序员，她们是凯瑟琳·麦克诺提·安东内利（Kathleen McNulty Antonelli）、琼·詹宁斯·巴尔提克(Jean Jennings Bartik)、贝蒂·斯奈德(Betty Snyder)、马琳·韦斯科夫·梅尔泽（Marlyn Wescoff Meltzer）、弗朗西斯·比拉斯（Frances Bilas）和露丝·里克特曼（Ruth Lichterman）。

ENIAC刚发明之际，连一份像样的说明书都没有，所以她们只能对照着电路图去研究，边做边学。她们凭借杰出的数学能力，研究复杂的计算公式和逻辑，找出让哪条电线连在哪个正确电路上。她们真正了解这台巨大的机器能做什么，如何工作，一旦机器出现问题，很快就能诊断出到底是哪个电子管坏了。就这样，本来由男性工程师负责的硬件部分，也逐渐由她们接手。

最终，她们成功编写出了弹道计算程序，本来需要人类工作30～40小时的计算工作，在ENIAC上只需要15秒就能完成。然而为了突显技术实力，美国军方把ENIAC当作一台自动的智能机器来宣传。在有关 ENIAC 的新闻报道中，这台机器都位于舞台中央位置，被称为“电子大脑”及“人造的机器人大脑”。这6位女程序员的功劳则被隐藏起来，逐渐被人遗忘了。人们只记得，一按按钮，这台机器就能飞快地算出答案。

计算机发展早期的女程序员

提到程序员，大多数人会认为以男性居多。但世界上最早的程序员中女性不在少数。比如世界上第一位程序员埃达·洛芙莱斯（Ada Lovelace），她是发明机械计算机的工程师（查尔斯·巴贝奇，Charles Babbage）的合作者（想了解巴贝奇的故事，请看《写给青少年的人工智能　起源》一书）。有一种编程语言Ada，就是为了纪念她而命名的。

另外，我们经常把程序错误称为“bug”，把调试程序排除错误称为“debug”。这些说法就是一位杰出的女程序员提出的，她就是格蕾丝·穆雷·赫柏（Grace Murray Hopper）。“bug”的原意就是“虫子”。有一次格蕾丝在工作时，发现计算机突然不运行了，经过仔细检查，最终发现是一只飞蛾飞进了电路里，造成了故障（图3-12）。后来，人们就开始用“bug”来称呼程序错误了。

图3-12 第一个“bug”是格蕾丝发现的

格蕾丝还于1952年创造了现代第一个编译器A-0系统。有了编译器，人们写程序就不用再像纽厄尔、司马贺那样，费力地靠人工翻译成机器语言了（不过格蕾丝的编译器和纽厄尔他们用的编程语言不兼容）。她还发明了第一个高级商用计算机程序语言“COBOL”，并因此被誉为“COBOL 之母”。直到现在，还有很多用COBOL写成的程序在运行。此外，她还培养了许多编程语言专家。

现在程序员中男性居多的原因有很多，其中之一就是当年个人计算机刚推出时，商家在广告里经常把计算机作为男孩子的玩具来宣传。但是早期这些女程序员所做出的卓越贡献足以证明，无论是男孩子还是女孩子，一样可以学好编程。

计算机中的大脑

禾木： 小核桃，为了让计算机模拟人类的智能，人类科学家想出了很多奇妙的点子，他们怎么这么聪明呢？

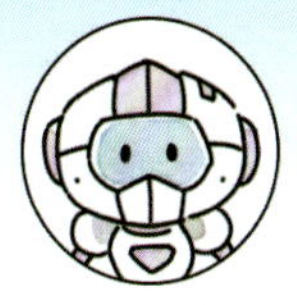

小核桃： 哈哈，这应该是因为科学家经过不断地学习和实践吧！他们的大脑都非常发达！

禾木： 大脑？那能不能给计算机装上大脑呢？这样人工智能是不是也能变聪明？

小核桃： 这是个好想法。很多科学家也是这么想的。不过想让机械和零件组成的计算机拥有像人类这样的“大脑”可不是一件容易的事。下面我们就一起探索一下大脑的秘密，再来看看科学家是如何用冷冰冰的机器模拟人类大脑的。

人类的智慧从哪里来

人体的指挥部

科学研究告诉我们，人体真正负责思考的器官是大脑。

大脑可以说是人体最复杂、最重要的一个器官了，堪称人体的“指挥部”。开心和悲伤的情绪来自大脑；做题学习的智力活动需要大脑；行走跑跳这些行动也要靠大脑；看视频、听音乐这些行为靠大脑控制；刚刚背了一首诗、小时候做过什么，这些记忆也存储在大脑中，包括我们现在正在说的“大脑最重要”这个想法，也是大脑生成的。

一个成年人的大脑约重1.4千克，大约只占人体体重的2%。但是人每天获取的能量，其中有20%～25%都被大脑消耗掉了(图4-1)。对于五六岁的小朋友，他们的大脑所消耗的能量甚至可以占60%。很明显，大脑时刻都在进行着非常复杂的活动。

图4-1　大脑的重量只占人体的2%，却要消耗20%~25%的能量

大脑为什么能这么聪明

像人的其他部位一样，大脑同样是由很多细胞构成的，只不过这里的细胞比较特殊。其中，最重要、最直接参与思维活动的细胞称为神经细胞，也叫作神经元。

神经元长得很有特点。如图4-2所示，它有一个主体称为细胞体，从细胞体上，伸出了很多像树枝一样的小细枝，称为突起。每个神经元都有一根比较长的突起，称为轴突；剩下的突起比较短，称为树突。树突和轴突就像电话线一样，负责在神经元之间传递信号，它们的外表也像电话线的外皮一样，包着一层膜，称为髓鞘。在人体中，有些负责远距离传递信息的神经元轴突会非常长，比如坐骨神经，它从臀部附近一直延伸到脚趾头。不过在脑部，神经元们离得都不远，轴突一般只有几毫米甚至几微米。

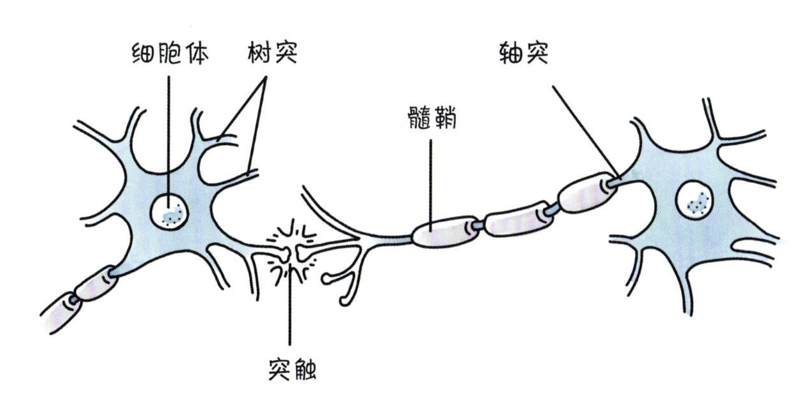

图4-2　神经元是什么样子的

轴突和树突的末端会分叉，称为神经末梢。不同神经元的神经末梢通过突触这种结构连接在一起。每个神经元有很多突起，每个突起又分叉成很多神经末梢，最终形成好几千个突触，来和别的神经元联系。

树突会接收来自外界或者是其他神经元传来的信号，而轴突负责把信号发送出去。不过这个信号可不是一幅图、一句话这样的信息，而是一个简单的电脉冲，在生物学上叫作神经冲动（图4-3）。神经冲动分为两种：有可能起到促进作用，会一起使劲，催着接收信号的神经元工作，也就是起兴奋作用；但也有可能“唱反调”，让神经元不活动，也就是起抑制作用。

神经元会综合所有树突传来的信号，决定要不要产生新的神经冲动。

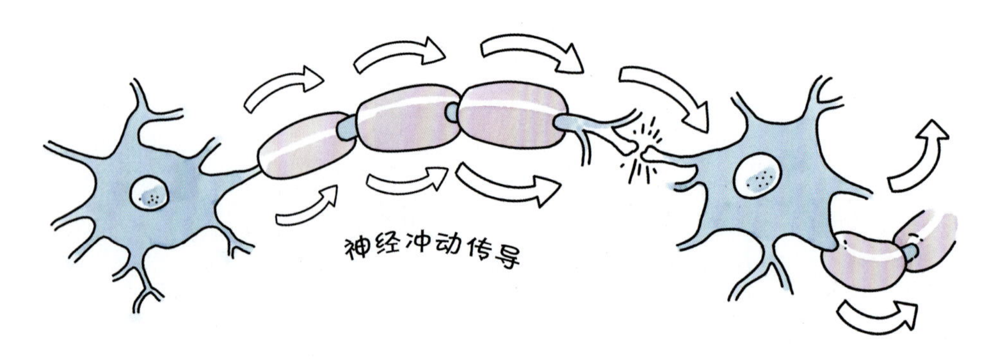

图4-3　神经冲动沿着突起传播

神经元有一个特点，它不是一有什么风吹草动就开始工作。只有从树突传来的兴奋信号足够多、足够强，达到一定的界限（又称为“阈值”），神经元才开始工作。阈值就是发生变化的临界值，比如，妈妈说：“只要考试拿到90分，就奖励你一顿大餐”，那么90分就是一个阈值。

一旦进入工作状态，神经元就会全力以赴；反之，就完全不工作。也就是说，神经元要么发出一个“饱满”的神经冲动，要么干脆就不发出。这个过程就好像我们要推倒一个凳子，除了需要用力，还要让凳子倾斜一定的角度，否则凳子就不会倒下。一旦倾斜的角度超过了阈值，不用我们发力，凳子也会倒下（图4-4）。我们把这样的工作模式称为全有或全无。

图4-4　推倒凳子需要让凳子的倾斜角度超过阈值

单个神经元的任务看起来没什么难的，接收信号，然后判断，接着传递信号给下一个细胞。但是，这么简单的活动怎么会让人产生如此高级的智能呢？

这很大程度上要归功于集体的作用了。人的大脑有大概1000亿个神经元，其中大约150亿个在大脑皮层（也就是大脑中最高级的区域，负责高级思维活动）。

这些神经元通过轴突和树突联系在一起，形成一张大网——生物神经网络。这张大网非常复杂，其中一个神经元的动作可能引起其他成千上万个神经元的反应。对于其中的奥秘，直到现在科学家们了解得也非常有限。信息在这上千亿个细胞组成的大网中不断流转，最终点燃了人类智慧的火花（图4-5）。

图4-5 大脑中的生物神经网络产生了智慧

趣闻

人类的大脑真的只开发了10%吗？

你听过这样一种说法吗？人类的大脑只开发了10%，还有90%没有得到利用。有人认为，爱因斯坦之所以能这么聪明，就是因为他对大脑的开发比普通人更多。还有人认为，如果能够进一步开发大脑，人类不但可以变得更加聪明，而且可以变成千里眼、顺风耳，可以做到过目不忘，心算速度可以比超级计算机还快，甚至拥有更神奇的超能力。很多科幻电影中有类似的情节，比如在电影《超体》中，女主角开发100%的大脑后，就有了超能力。

人类的大脑真的只开发了10%吗？开发100%的大脑真的可以拥有超能力吗？很可惜，根据科学家的研究，这只是一个美好的愿望。人类的大脑其实已经被充分利用起来了。

大脑的不同区域主要负责不同的功能：有的区域主要负责视觉；有的区域主要负责听觉；有的区域主要负责记忆。不过我们生活中的各种活动大多需要各种功能的综合支持，自然就会用到整个大脑。经脑部扫描检测显示，无论一个人在做什么，大脑的所有区域都是活跃的。在进行某些特定活动的时候，相应的区域会比其他区域更加活跃。除非受到损伤，否则大脑中没有任何一个区域是完全不工作的。大脑的各个区域分工合作、配合协调，才能让人体正常活动。

如果大脑的所有区域在同一时间都非常活跃，不但不会有超能力，反而很可能导致癫痫等疾病。

不过，虽然人类的大脑已经被充分利用起来，但是就像我们可以通过锻炼身体让肌肉更发达，我们同样可以通过学习和思考来锻炼大脑，让自己变得更聪明。所以，我们平时一定要勤思考，多动脑子。“动脑子”可不是让你摇头晃脑哦（图4-6）！

图4-6 怎样“动脑子”可以锻炼大脑

如何建造人工大脑——联结主义的诞生

既然人类的智能都源自大脑，人们就有了一个想法——如果建造一个人工大脑，是不是就可以实现人工智能了呢？

建造大脑的想法由来已久，但是第一次真正的突破来自两位科学家，他们就是瓦伦·麦卡洛克（Warren McCulloch）和沃尔特·皮茨（Walter Pitts）（图4-7）。

图4-7 麦卡洛克和皮茨研究要怎样建造人工大脑

麦卡洛克其实是一位生物学家，主要研究神经科学。不过他看起来似乎有点儿“不务正业”，因为他一直对一个哲学问题非常感兴趣——到底什么才是“知道”，什么才是“智慧”？

麦卡洛克当时肯定不会想到，十多年后，纽厄尔和司马贺——这两位研究数学、政治学、经济学的科学家对这个问题给出了一个答案：“思维是操作和处理符号”。

但作为一名研究神经科学的生物学家，麦卡洛克和他们的想法截然不同。他认为只有弄清楚大脑和神经元是如何工作的，才能弄明白什么是“智慧”。

麦卡洛克了解神经元的工作方式，也知道神经元联合起来工作才能“产生”智慧。但是，这到底是怎么联合的呢？说到这个问题，我们又不得不提到数学大师罗素了，正是他的《数学原理》给了麦卡洛克灵感。毕竟这可是一部综合了当时数学、逻辑学精华的伟大作品。

在传统的逻辑学中，最底层、最基础的判断，只有“真”和“假”。比如，“禾木会走路”“桃子会飞”，这些要么是“真”的，要么是“假”的，只有两种情况，不会有“既会又不会”这种似是而非的情况出现（图4-8）。

图4-8　传统逻辑只有“真”和“假”两种基础判断

“真”和“假”两种逻辑判断可以进行“与”“或”“非”等逻辑运算。就像“+”“-”“×”“÷”可以组合成复杂的四则运算一样，这几种逻辑运算也可以组合成更复杂的运算，最终就可以用来判断各种各样的问题。

神经元也是只有两种工作模式，如果接收到足够强的信号，就产生神经冲动，否则就不产生神经冲动，也就是全有或全无。所谓的神经冲动，又称为神经兴奋，是指神经元受到刺激导致膜电位的改变，产生动作电位的兴奋过程。逻辑判断和神经元的工作都是只有两种情况，这两者好像看起来差不多，大脑是不是也是无数神经元组合起来，执行着复杂得多的逻辑运算，从而产生智慧的呢？

于是麦卡洛克想到把神经元简化成一个逻辑元件，我们可以把这个元件称作逻辑神经元（图4-9）。它接收多个输入，如果接收的输入超过设定的阈值，就会输出“真”，否则就会输出“假”，把很多逻辑神经元连成网络，就可以通过改变逻辑神经元的阈值以及逻辑神经元之间的连接，来执行各种复杂的逻辑运算。

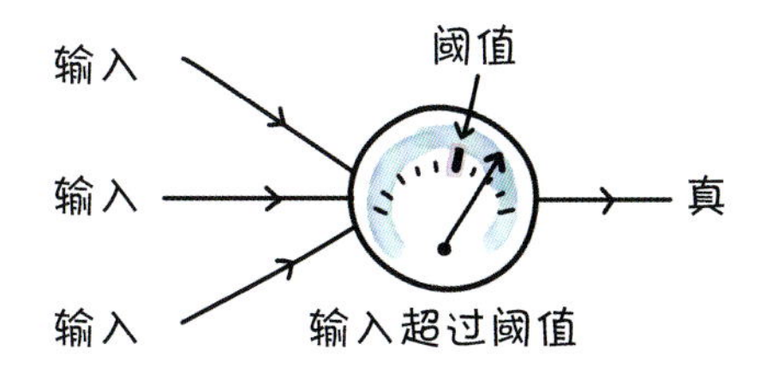

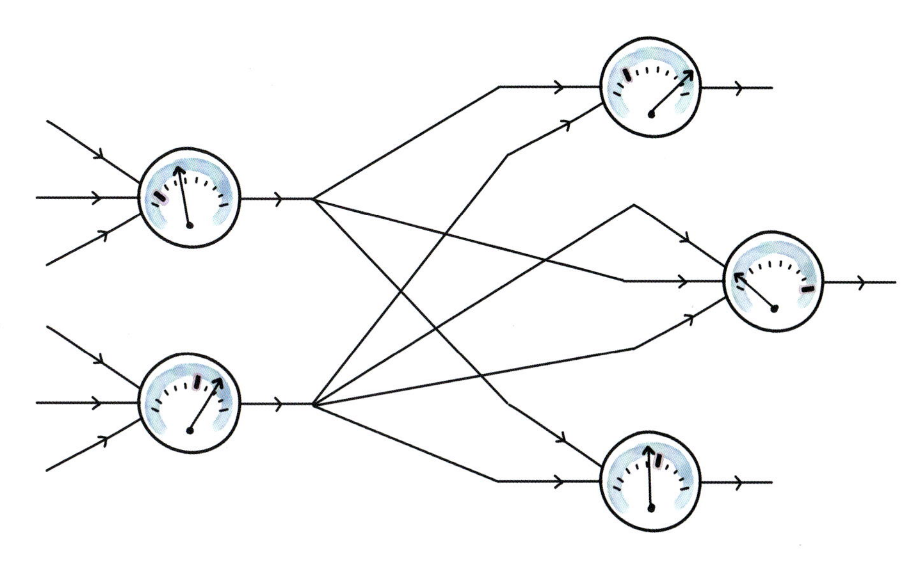

图4-9　逻辑神经元根据输入和阈值输出“真”“假”，并连成网络，以执行更复杂的运算

虽然有了这个绝妙的想法，但是鉴于个人的数学水平有限，麦卡洛克无法把简化的神经元真正组合起来进行运算。幸运的是，麦卡洛克遇到了皮茨。

皮茨出生在一个贫困的家庭，从小就展现出了极高的聪明才智。12岁时，他甚至因为发现了《数学原理》中的几个错误而被罗素邀请去读研究生，可惜因为家庭原因，未能如愿。

18岁时，机缘巧合之下，皮茨认识了麦卡洛克。“把大脑中的神经元与逻辑联系起来”，年轻的皮茨也被这个想法深深地吸引了，他凭借让罗素都惊喜不已的数学能力，很快找到了解决问题的方向。

1943年，皮茨和麦卡洛克提出了神经元的逻辑模型。人们根据两位科学家的名字，称这个模型为麦卡洛克-皮茨模型。只要把这些人工神经元连接成网络，就可以进行复杂的逻辑运算。

麦卡洛克-皮茨模型是如何工作的

这个模型中的神经元其实并不复杂。它和真正的神经元很像，接收多个输入x_1，x_2，⋯，x_n，如果这些输入都是起兴奋作用的，就把它们加起来。如果结果达到阈值θ，就会输出“真”；如果结果小于阈值，就会输出“假”。另外，只要有任意一个输入是抑制性的，同样会输出“假”，也就是说，抑制性输入有一票否决权。

举个例子，假如明天是周六，我们用一个麦卡洛克-皮茨模型中的神经元来判断到底要不要去游乐园。一般来说我们可以考虑三个因素：第一，交通是不是方便；第二，是不是有朋友一起去；第三，天下不下雨。这就可以作为x_1、x_2、x_3这3个输入，如果答案“是”，就输入1，如果答案是“否”，就输入0。其中交通方便、和朋友一起去，都是让我们去的理由，是兴奋性输入；而一旦下雨，我们就去不了了，那么这个就是抑制性输入。

如果明天，阳光明媚，道路通畅，禾木和桃子想要骑自行车和我们一起去游乐园，很明显x_1（交通）、x_2（朋友）都应该输入1，又因为不下雨，所以x_3（是否下雨）应该输入0。阈值需要我们来指定，现在暂且设定为2（图4-10）。

那么我们可以得到，兴奋性输入为$x_1 + x_2 = 1+1 = 2$，达到阈值。抑制性输入是0（x_3为0），也就是不产生抑制。我们就可以去游乐园了！

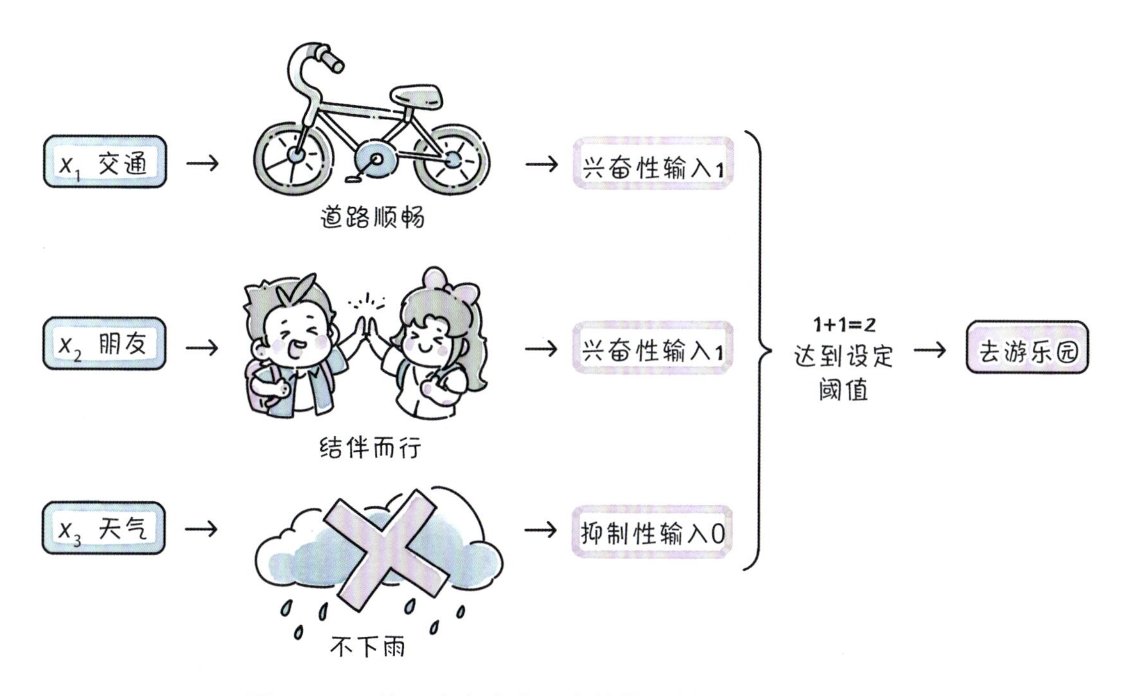

图4-10　使用麦卡洛克-皮茨模型判断去不去游乐园

但如果明天下雨，那么x_1、x_2、x_3都要输入1。虽然也达到了阈值，但是因为有抑制性的输入（x_3输入为1），最终的输出还是不去游乐园。

麦卡洛克-皮茨模型和人工神经网络对大脑做了非常大的简化，但是它让思维不再那么神秘，变得可以解释。这标志着另一条人工智能研究思路的诞生，它与我们前面说过的“符号主义”截然不同，而是结合神经科学，通过模拟人脑思考来实现人工智能的。这种思路从大脑神经元的联结而来，因此我们称之为联结主义或者连结主义。

神经网络的提出，比符号主义的“逻辑理论家”要早得多。彼时，世界上第一台通用电子计算机ENIAC甚至才刚开始建造。麦卡洛克-皮茨模型对于后来真正的现代计算机的诞生也有很大的启发作用，不过那就是另一段故事了。

可以用人工神经元搭建人造大脑吗

麦卡洛克-皮茨模型站在了模拟人脑思考的门口，但是离真正的智能还差得远。它只是说明神经元可以组成网络来进行逻辑运算，但是人类的大脑显然并不是只有非“真”即“假”的简单逻辑。毕竟大脑中有成百上千亿个神经元，由数不清的各种突触组成了一张复杂的大网，才激发了人类的智慧。但是面对这么多的神经元和突触，我们根本不可能去一个个设置它们之间的联系，也无法像搭积木一样搭建出一个像真正的大脑一样的神经网络。

该怎么办呢？科学家们想出了一个非常巧妙的方法——让神经网络能够学习，自己改造自己。图灵就曾提出这样的想法：“既然直接设计成年人的大脑非常复杂，那么为什么我们不试着设计小孩子的大脑呢？”相对来说，婴儿的大脑没有那么多复杂的功能，只要我们给这个初生的、如同白纸的“人造大脑”合适的教育，它最终是不是就能成为一个成熟的人工智能呢？

这种通过让机器学习来构造人工智能的方式，我们统一称之为机器学习。神经网络就是最典型的机器学习。

人造大脑该怎么学习

美国心理学家唐纳德·奥尔丁·赫布（Donald Olding Hebb）的一项研究成果启发了人工智能科学家。赫布提出，在大脑中，如果两个神经元的激活是有关联的，那么它们之间的突触联系就会加强，也就是说，它们之间就会更容易产生影响。这被称为赫布理论。

对于人工神经元来说，神经元之间的联系体现在阈值和输入的权重上。那么只要根据赫布理论的规则去改变阈值和权重，是不是就可以让人工神经网络进行学习了呢？这样的学习方式被称为赫布型学习。

人造大脑——人工神经网络的诞生

明斯基在大学期间受到麦卡洛克和皮茨的影响，和他的同学结合赫布理论制造出了世界上第一台人工神经网络机器SNARC。这台机器使用了大约300个真空管和一架B-24轰炸机上多余的一个自动指示装置，模拟了40个神经元组成的网络。图4-11

所示的就是SNARC的一个神经元。这个神经网络模仿了老鼠在迷宫中寻找食物的行为。明斯基的博士论文也是关于神经网络和大脑模型的，不过后来他转向了符号主义，而这篇论文也没有得到重视。

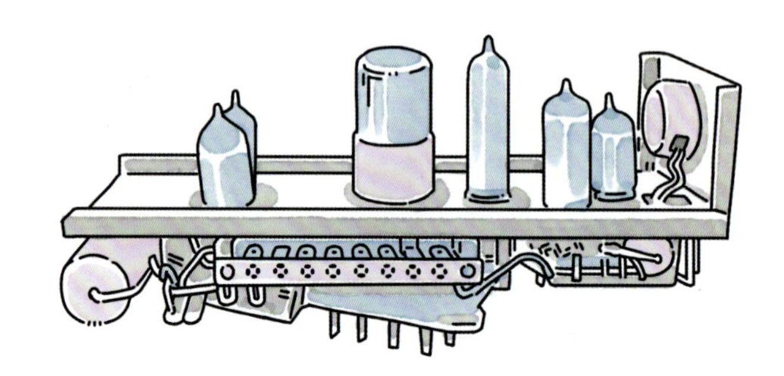

图4-11 SNARC的一个神经元

同一时期，B型图灵机、计算机模拟赫布网络等成果也出现了，不过也没有引起很大的反响。

有关神经网络的研究就这么一直不温不火，1957至1958年间，美国心理学家弗兰克·罗森布拉特（Frank Rosenblatt）受到麦卡洛克－皮茨模型和赫布型学习的启发，提出了感知机的概念。这可以说是如今各种人工神经网络的源头。

会学习的感知机

罗森布拉特在一台IBM-704计算机上模拟实现了感知机模型，实现了在当时看来非常令人震惊的效果。它可以自己通过学习来分辨图案！

实验的训练数据是50组图片，每组两幅，一幅有向左的标记，另一幅有向右的标记。罗森布拉特先用一部分图片“教”感知机，告诉机器图片是向左还是向右。经过不断训练，感知机可以自己辩认出图片了。实验的效果引起了轰动，《纽约客》（*The New Yorker*）杂志报道说：“它是人类大脑发明的第一个有力竞争对手！”

什么是感知机

最简单的感知机实际上就是一个升级版的麦卡洛克-皮茨模型。就像我们前面说的那样，它接收多个输入，然后输出“真”或“假”。对于感知机来说，最擅长的工作就是根据事物的属性把它们分类。罗森布拉特的实验，把图片分成了“左”和“右”两类；我们前面游乐园的例子，把交通、天气、朋友的不同情况分成了“去”和“不去”两类。

但是，如何实现学习呢？赫布理论说，关联激活的两个神经元之间的突触联系会加强，罗森布拉特认为这个联系就可以体现为权重，也就是表示重要程度的数值，我们用w_1，w_2，…，w_n表示。兴奋性输入的权重为正值，抑制性输入不再有一票否决权——其权重为负值。也就是说，在感知机中，各项输入要先乘上各自的权重，再加起来，然后和阈值θ做比较，如果小于θ，就输出0，否则就输出1。

写成公式就是下面这样：

如果 $x_1w_1 + x_2w_2 + \cdots + x_nw < \theta$，输出0；否则，输出1

你可以这么想，我们正在卖水果，表示输入的x_1，x_2,…，x_n是卖出各种水果的重量，而表示权重的w_1，w_2，…，w_n是各种水果的价格。那么，算式中相乘再相加的结果就是卖出水果的总价。我们摆摊、进货一共需要花 θ 元，这个钱数就是阈值。如果卖水果得到的钱太少，低于阈值，我们就会亏本，亏本的买卖可不能做，于是输出0。

你一定发现了，麦卡洛克-皮茨模型的输入是只能表示“真”和“假”的0和1，但感知机可以有更大的范围，表示更普遍的情况。图4-12所示的就是只有一个神经元的感知机。这里要注意的是，虽然我们在输入的地方也画上了圈，表示输入神经元，但是这只出于方便和习惯使然，输入神经元仅表示把数据送进感知机，本身没有逻辑判断作用。

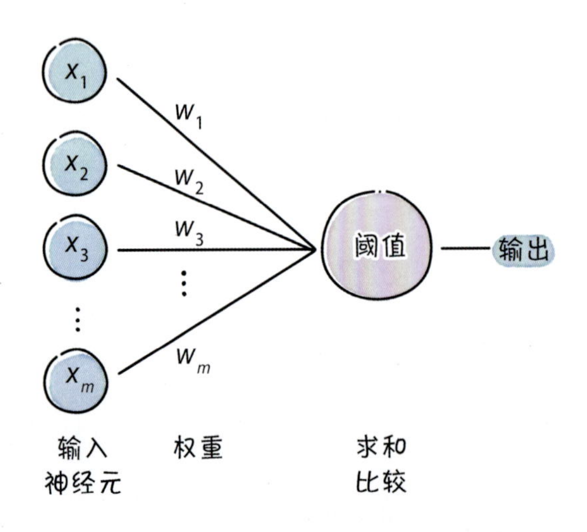

图4-12　只有一个神经元的感知机

我们可以用感知机来给水果分类。这两种水果主要有两种区别，一个是大小（x_1），一个是颜色（x_2）。也就是说，这个感知机只需要x_1和x_2两个输入。

我们把大小（厘米）作为x_1输入。对于颜色x_2，用正数表示绿色，负数表示红色，绝对值越大表示颜色越深。我们把权重和阈值均设置为1。

最终计算结果：如果输出1，那就是西瓜；如果输出0，那就是苹果。

	水果A	水果B
x_1（大小）	8	30
x_2（颜色）	-10（红色）	20（绿色）

假如我们有两种水果，具体情况就像表格中一样，那么可以很容易得到：

对于水果A

$x_1w_1 + x_2w_2$

$=8 \times 1+(-10) \times 1$

$=-2 <1$ 输出0，这是苹果

对于水果B

$x_1w_1 + x_2w_2$

$= 30 \times 1 + 20 \times 1$

$= 50 > 1$ 输出1，这是西瓜

这样我们就对两种水果进行了识别和分类。这明明就是直接得到了结果，何来“学习”呢？我们直接指定了权重和阈值，刚好就能得到正确的结果，但是怎么知道应该这样设置呢？

实际上，在感知机中，最初的权重和阈值设置都可以是随机的，不一定正确。要得到正确的设置，必须经过“学习”，或者说是对感知机进行“训练”。

我们要不断地把各种苹果和西瓜的数据输入感知机，让它根据最初的设置进行计算，并与正确的结果比较，然后根据偏差值去修正权重和阈值。经过多次实验，我们就可以得到正确的权重和阈值了。这其实就是感知机学到的知识。与符号主义直接存储知识不同，联结主义认为知识就蕴含在这些神经元的联结中。

这种根据结果不断进行修正的方式其实就是反馈调节。反馈调节在我们的生活中非常常见，比如洗澡的时候调节水温，如果感觉太烫就往冷水方向调节，感觉太凉就往热水方向调节（图4-13）。

图4-13　洗澡时调节水温是一个反馈调节

现在我们用一种非常简化的方法进行学习。首先把上面的权重w_1、w_2和阈值 θ 设置为（$w_1 = 0$，$w_2 = 0$，$\theta = 0.5$），再来计算一遍。

$x_1w_1 + x_2w_2 = 30 \times 0 + 20 \times 0 = 0 < 0.5$，输出0，说明这是苹果

显然，我们得到了错误输出 0，而正确的输出应该是1，也就是偏差 $\varepsilon = 1$。

为此，我们把权重和阈值都加上1，来得到新的参数，即

$\theta_{新} = \theta_{旧} + \varepsilon = 0.5 + 1 = 1.5$

$w_{1新} = w_{1旧} + \varepsilon = 0 + 1 = 1$

$w_{2新} = w_{2旧} + \varepsilon = 0 + 1 = 1$

现在我们重新计算，就发现可以得到正确的输出了。这个过程就是学习（训练）。

上面我们只用一次学习就得到了正确的答案，但对于现实情况，我们要处理的数据多种多样，一般需要训练很多次，而且学习的方法也比我们上面用到的要更复杂。

单个神经元的感知机，只能处理一些像简单分类识别苹果与西瓜这样的问题，而更复杂的问题可以把多个神经元连接在一起，组成神经网络，得到更强的处理能力（图4-14）。另外，别忘了输入神经元本身没有任何作用。因此，虽然这里有两层，这其实是一个单层的感知机。最后一层（在这里也是唯一一层）逻辑神经元处理输入信息后会把得到的结果输出，因此通常也叫作输出层。

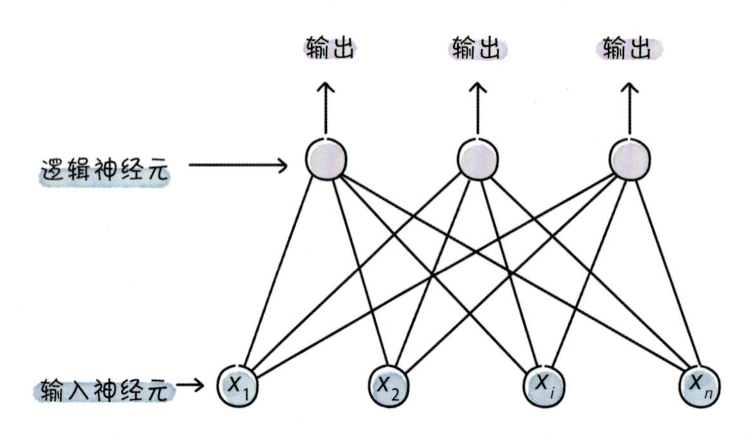

图4-14　多个神经元组成的单层感知机

感知机的致命弱点

罗森布拉特的感知机引起了轰动。《纽约时报》（*New York Times*）发表的一篇报道《海军的新机器能通过实践进行学习》(*New Navy Device Learns By Doing*)中说“人们希望它能走、说、看、写、制造自己，甚至拥有自我意识”。罗森布拉特对感知机很有自信，乐于宣传自己的成果。他甚至觉得，感知机原理在不远的未来能解决一切问题。但是，过度的乐观往往不是什么好事，我们之前讲过的人工智能的两次寒冬，最初也是源自人们对人工智能抱有不切实际的希望。

罗森布拉特试着用感知机去解决更复杂的问题，比如识别人脸，结果遭遇了挫折。

1969年，明斯基（这时他早已经转向了符号主义）和西摩尔·派普特（Seymour Papert）合著了《感知机：计算几何导论》(*Perceptrons: An Introduction to Computational Geometry*)一书，在书中直接指明了单层感知机的一个致命缺陷，那就是只能进行线性分类，不能执行异或操作。

“线性分类”“异或”，这些都是什么？别害怕，虽然这些词看起来很陌生，但实际上并没那么难以理解。

我们前面用大小和颜色两个属性来描述了西瓜和苹果，这样就可以把它们表示在平面直角坐标系中。线性分类就是指，可以用一条直线把它们分隔开（图4-15）。它们就像摆在蛋糕上不同位置的两块水果，只要切一刀，就可以得到上有西瓜和苹果的两块蛋糕。

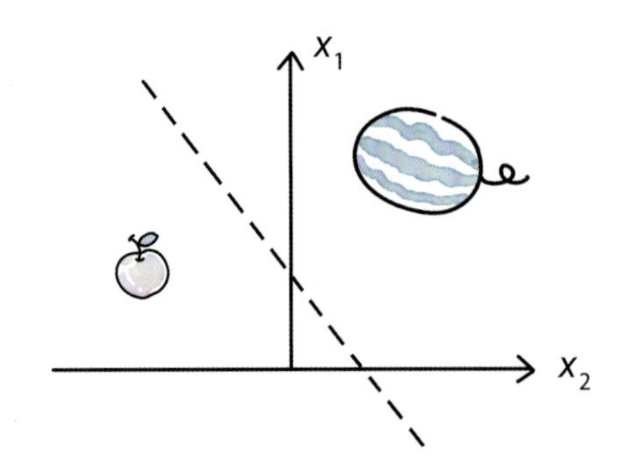

图4-15　线性分类问题能用一条直线分开

“异或”是一种运算，就像加减乘除这些数学运算一样，只不过异或是逻辑运算，它的运算规则不一样。如果两个相同的东西进行“异或”运算，就会返回“假”；不同的东西进行“异或”运算，就会返回“真”。说白了，就是找不同。

感知机为什么连找不同这么简单的事都学不会呢？因为它只能进行线性分类。我们再举一个例子来说明。

我们有几副一样的手套混在一起，现在想找出一副成对的手套。很明显，我们需要一只左手手套和一只右手手套，才能配成一副手套，这就是异或。我们可以把第一只手套作为x_1，第二只手套作为x_2，然后把它们在平面直角坐标系上表示出来（图4-16），例如左下角这一组，对准了坐标轴x_1和x_2的左，就表示第一只手套选的是左手的，第二只手套也选的是左手的。

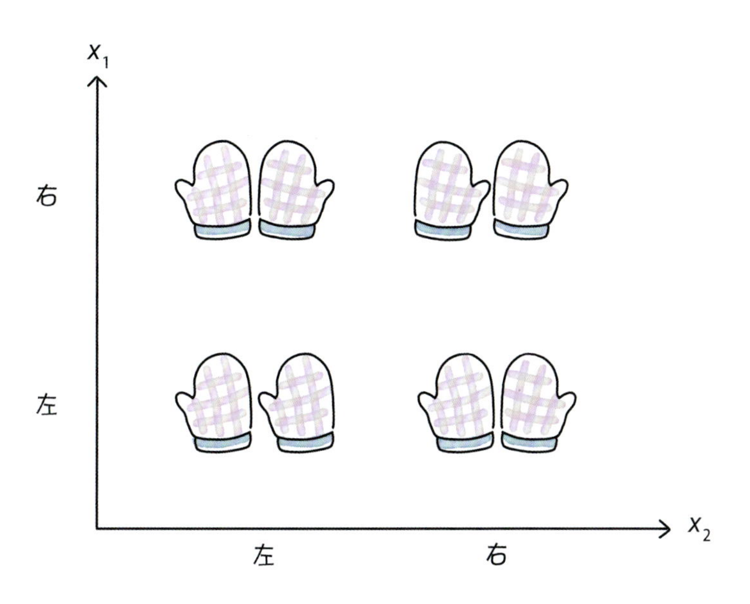

图4-16　你能只用一条直线全部分开正确和错误的手套搭配吗

你肯定一眼就看出来了，正确的手套组合出现在了左上角和右下角。这样的话，我们无论如何也没有办法只靠一条直线把它们和错误的手套组合区分开来。我们可以说这样的问题是非线性的。

不管是异或运算，还是其他非线性问题，单层感知机都无法处理。

陷入黑暗的神经网络

无法处理异或等非线性问题，给诞生不久却备受瞩目的神经网络和联结主义泼了一盆冷水。这个问题实在是太致命了，现实生活中有太多问题不能进行线性分类。

既然单层感知机不行，那么再多加几层呢？一层神经元可以用一条直线来分类，多层神经元也就可以用多条直线来分类。确实，多层感知机可以解决异或问题，我们可以在输入神经元后面加入新的一层或者几层，这几层一般称为隐含层。实际上科学家已经证明，只需要有2个隐含层，也就是一个3层感知机（别忘了输入层不起作用、也不算数），就可以解决复杂的分类问题（图4-17）。

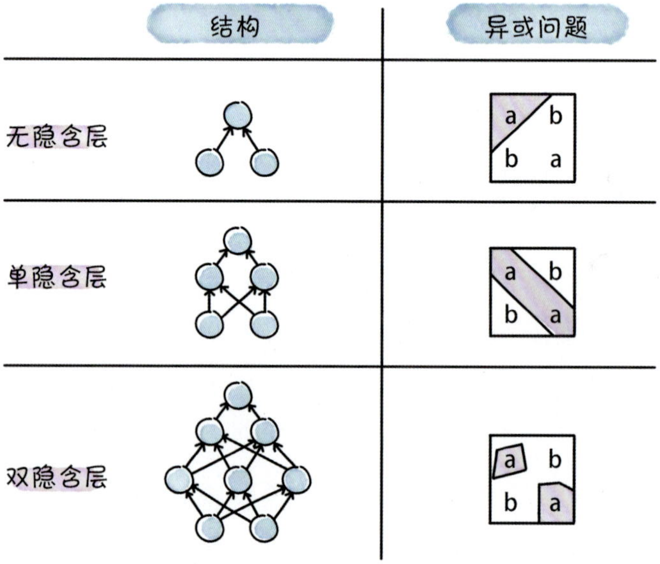

	结构	异或问题
无隐含层		a b b a
单隐含层		a b b a
双隐含层		a b b a

图4-17　增加隐含层可以解决更复杂的分类问题

但是多层感知机有一个新的问题，那就是该怎么训练。罗森布拉特发明的训练方法只对单层感知机有效，因为它只能调整最后一层逻辑神经元（或者称为输出层）。而在当时即使有办法训练，多层感知机庞大的神经元数量也超出了计算机的能力。

细心的同学可能还注意到了这个时间，1969年，也正是人工智能逐渐进入寒冬的时候，这也让感知机的研究雪上加霜。

在如此严重的打击之下，神经网络研究几乎陷入了沉寂。

卷土重来的神经网络

禾木： 构造人工智能并使之能够具备学习功能的思路居然这么困难。人工智能的出路到底在哪儿呢？

桃子： 是啊，没想到否定了这条路的正是制造出第一台神经网络机器的明斯基。可是为什么我听说现在的很多人工智能，比如人脸识别，都是神经网络呢？小核桃，后来又发生了什么呀？

小核桃： 明斯基的研究成果确实对联结主义造成了很大的打击。但是经过努力，科学家们最终还是努力克服了神经网络的缺陷。下面我们就一起看看神经网络究竟是如何“重获新生”的吧！

拿什么拯救你，神经网络

为什么要研究多层感知机

单层感知机无法解决非线性问题，于是科学家们将目光转向了多层感知机：通过在神经网络中加入的隐含层，可以一步步找到目标信息的内在特点，后面的层又可以在这些特点的基础上继续发现新的规律和特点。如图5-1所示，一个识别人脸的神经网络，第一层可以找到人脸上的曲线和轮廓，第二层可以把它们组合成五官，第三层找到五官的位置并拼成一张完整的脸——这可比直接识别整张脸容易多了！当然，实际上的人脸识别神经网络不会只有三层，而是有很多层，对脸上各种特点的识别也更详细。可是多层神经网络面临无法训练的问题，那么神经网络的出路到底在哪里呢？

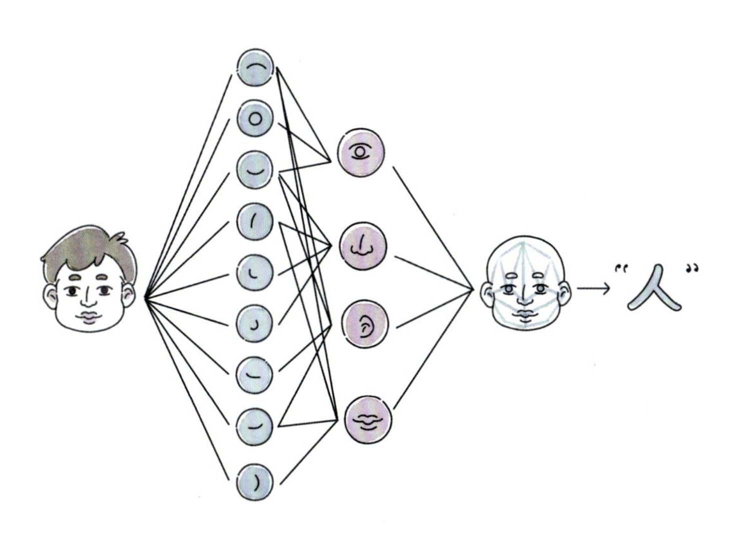

图5-1　人脸识别神经网络

反向传播算法

事实上，在明斯基和派普特《感知机：计算几何导论》一书出版后没过几年，就已经有科学家找到了解决办法，那就是反向传播算法（简称BP算法）。利用这种方法，我们可以把神经网络的输出层产生的偏差，一层层地往回传递，也就是往输入方向传递，这样就可以用来修正隐含层神经元的权重和阈值了。

想象一下，我们能买到水果，是因为果农种出水果，卖给水果店，然后水果店再卖给我们，具体哪种水果多，哪种水果少，都是由果农决定的。但是当你去买水果时，因为你更喜欢吃橘子，所以买了很多橘子，很多人像你一样喜欢吃橘子，也买了很多橘子，于是水果店发现橘子卖得更好，就决定多卖橘子。水果店也会向果农收购更多的橘子，果农也会因此栽种更多的橘子树。也就是说，“调整水果数量”的信息从购买橘子的你发出，然后影响到水果店，再影响到种植水果的果农，一层层反向传播，产生效果。

此外，反向传播所需要的计算量，远比原来思路中训练多层感知机需要的计算量小得多。

可惜的是当时正处在人工智能的寒冬，这点微弱的火苗未能让沉寂中的神经网络回暖。虽然有多位科学家反复提出了这个想法，但是都没有得到足够的重视。

来自物理学的新型神经网络

1982年，一个新的成果又为神经网络研究添了一把火，那就是约翰·霍普菲尔德（John Hopfield）提出的一种新型神经网络，也就是霍普菲尔德网络。这种神经网络和感知机、多层感知机有很大的不同。大家应该还记得，感知机的提出是受到了大脑中神经元的启发，不过霍普菲尔德网络却和生物学关系不大，反而和物理学有关系，因为它的发明者原本是一名物理学家，他提出这种神经网络也是受到了物理中能量模型的启发。如此看来，不同科学领域之间确实是紧密相连的。

霍普菲尔德网络和多层感知机还有一个很明显的不同。感知机中的神经元总是由一层指向下一层。在学习（也就是训练）完成，开始工作之后，进入多层感知机的数据就这样一层一层地从输入层向输出层传递，也就是说，数据是单向传播的。所以，我们把这样的神经网络称为前馈神经网络（图5-2）。有的同学可能感到奇怪，我们刚刚不是还说了反向传播算法，这样数据不就是往回走了吗？实际上这并不矛盾，因为反向传播算法是用在神经网络学习的过程中的。在学习完成后，使用神经网络的时候，数据就不会再反向传播，而是单向传播了。

图5-2 在前馈神经网络中信息只能从输入层向输出层传递

但是霍普菲尔德网络并不是这样，它的神经元有时会串成一个环（图5-3），就像追着自己尾巴的猫一样。也就是说，数据在霍普菲尔德网络中传播的过程中，有可能走了几步又回到了原地。此外，信息在两个神经元间的传递也可以是双向的，能过去，也能回来，如图5-4所示。所以说霍普菲尔德网络是一种循环神经网络。

图5-3 霍普菲尔德网络中神经元可能串成一个环

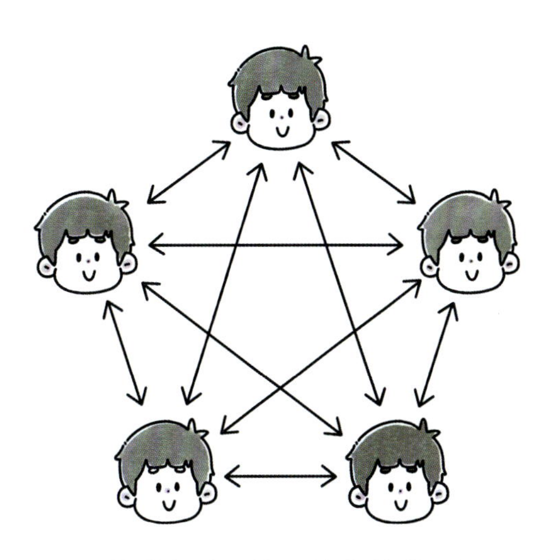

图5-4　霍普菲尔德网络中信息传递可以是双向的

这样与众不同的特点也让神经网络在一些领域有了出色的效果，它克服了多层感知机无法训练的困难，能解决很多模式识别和优化问题，比如在交通运输中，针对不同的目的地和货物，如何合理地分配车辆。

霍普菲尔德网络还有一个神奇的用途，那就是提供了一种模拟人类记忆的方法！如果信息在连成一个环的神经网络中来回传递，那么这是不是意味着我们把这段信息保存起来了呢？也许我们的大脑也是这样，记忆在大脑中并不是静止不动的，而是在无数神经元间不停地流动。

鉴于霍普菲尔德网络的成功，人们又重新关注起联结主义和神经网络。1986年，杰弗里·辛顿（Geoffrey Hinton）和他的两位同事改进了反向传播算法，并真正将其用于神经网络研究。有了好用的反向传播算法，计算机的性能也得到了极大的提升，神经网络终于从长达10多年的冬眠中复苏了。

现在流行的深度学习和多层神经网络有什么关系

新技术让神经网络重新得到了关注，不过好景不长，神经网络很快又遇到了新的问题。

一方面，另一张“网”在20世纪八九十年代这段时间横空出世、飞速发展，它耀眼夺目，吸引了几乎所有人的目光，尤其是投资者的目光，那就是互联网。这让人们对人工智能的关注自然就少了。别忘了，这段时间正值由专家系统和第五代计算机的失败引发的人工智能的第二次寒冬。

另一方面，反向传播算法自身也不是没有问题。“反向传播”意味着要把误差向着输入的方向传播很多层。如果这个误差本身就很小，那么它很可能会越传越小。等到多传几层之后，甚至会因为太小而几乎不会产生任何影响（图5-5），导致神经网络学了一遍又一遍，可就是学不会。这种情况称为梯度消失。

图5-5 反向传播中误差越传越小，发生梯度消失

还有一种与之相反的情况，这个误差本身就非常大，那么很可能会越传越大，最后大到没有任何意义，让整个神经网络失效。这种情况称为梯度爆炸。

在神经网络遇到问题的同时，联结主义阵营也出现了支持向量机等新型机器学习方法，它们比神经网络速度更快，其背后的数学原理也更加清晰。这也导致神经网络日趋无人问津。

这样的困境持续到了2006年。辛顿发表论文，提出了深度学习的概念。

简单来说，深度学习其实就是包含很多层的神经网络。不过这么多年了，先是明斯基的不认可，又是难以解决的梯度消失和梯度爆炸问题，神经网络的效果一直都不怎么好。这让科学家们有点“谈虎色变”，甚至看到这个词就觉得不靠谱。研究神经网络的科学家连论文都很难发表，就是因为他们的题目上有“神经网络”这个词。这该怎么办呢？辛顿想了想，干脆换个名字，那就把它称为深度学习（Deep Learning）吧！

当然，深度学习能成功可不是因为简简单单换了个名字，最重要的是辛顿找到了一种解决梯度消失和梯度爆炸的方法，那就是预训练。预训练能让神经网络的权重在一开始就接近最好的状态，之后再使用微调，就可以得到最终结果。这一技术进步让这一年成为人工智能发展的“转折年”。神经网络再也不是“玩具”！人们渐渐认识到深度学习的威力，越来越多的科学家们开始研究神经网络，而更多解决梯度消失和梯度爆炸的方法也被提了出来。

不过，深度学习能够大放异彩的原因不只是科学家们呕心沥血的研究，也和整个世界的技术进步分不开。深度学习要进行训练，需要用到非常多的数据，这在以前简直不敢想。但是，在20世纪八九十年代抢走了神经网络风头的互联网帮了大忙。互联网时刻产生大量的数据，而借助网络，人们也很容易把深度学习所需要的数据收集起来。此外，深度学习对计算机性能的要求非常高。当年明斯基之所以觉得多层神经网络没有希望，计算机性能不足也是原因之一。随着技术的进步，现在计算机的性能有了极大的提升。明斯基否定多层感知机是在1969年，而那时全世界最先进、计算最快的超级计算机的性能，也只相当于2006年一台普通家用计算机运算速度的1%，如图5-6所示。

图5-6　计算机性能提高非常快

2012年，辛顿带领他的学生参加了ImageNet竞赛。这是世界上最有影响力的图像识别方向的人工智能比赛。利用深度学习算法，首次参加这一比赛的辛顿团队就以84%的正确率获得了冠军；而第二名没有采用深度学习算法，他们的正确率只有73.8%。自此，神经网络热度回升，直到现在，人工智能领域仍是深度学习算法的天下。

深度学习有什么用

以深度学习为代表的机器学习是现在最流行的人工智能方法，但是它到底能解决什么问题呢？要回答这个问题，我们首先要了解机器学习都有哪些种类。

根据方法不同，机器学习基本可以分成四类：监督学习、无监督学习、半监督学习和强化学习。

我们前面举过的西瓜的例子其实就是监督学习。之所以称之为监督学习，就是因为它在学习的过程中需要“老师”来教。人类工程师必须准备好大量的数据，而且要针对每个输入标记好正确的输出作为答案（我们称这样的数据是有标签的），来作为人工智能的“教材”。

比如，为了把一些纸质资料快速输入计算机，我们用监督学习来识别手写的文字。但是要完成这个任务，必须先找大量的手写体文字，人工标记好它到底是什么字，然后再让人工智能来学习，如图5-7所示。为了让人工智能能像人类一样识别出不同的人写的字，可能每个字都要找很多人来写很多遍，最终得到一个非常庞大的数据库。

图5-7 要学会识别手写文字，人工智能需要学习大量数据

监督学习最擅长的就是识别或者预测这一类有正确答案的任务，比如图像识别、语音识别、文字识别、垃圾邮件识别、翻译，又如根据气温、气压等数据来预测天气，根据患者的生理数据预测他得了什么病。

和监督学习相对的是无监督学习。无监督学习并不需要提前把数据标好正确答案，但也需要非常多的数据。无监督学习擅长的是给数据分类，比如，把一大堆混在一起的水果分成苹果一堆、西瓜一堆、桃子一堆……不过，虽然无监督学习能成功分类，但它并不知道这些东西实际是什么，只知道这些东西不一样或一样，如图5-8所示。

图5-8　无监督学习擅长分类

这好像很简单啊，不过在生活中也很有用。例如，很多同学喜欢看抖音短视频，一般来说，刚开始App可能会随机地推荐视频，其中有一些是我们喜欢看的，也会有一些是我们不喜欢看的。但是看了一段时间之后，App推荐的视频就都是我们喜欢看的了。这就用到了无监督学习，虽然人工智能不知道你喜欢的到底是什么，但是它知道有哪些视频和你喜欢的视频差不多。除了短视频，购物网站推荐相关商品和广告，也会用到无监督学习。

半监督学习，顾名思义，就是监督学习和无监督学习的结合体。要用监督学习，就要用到大量有标签的数据，这样的数据在现实中是很难得到的，比如，就文字识别而言，面对大量的文字，要识别多遍，还要把每个字都标好正确答案，工作量无疑是庞大的，以至于业界还产生了数据标注员这一岗位。不过，想要拿到能用于无监督学习的无标签数据就容易多了。为了综合利用这两种数据，科学家们发明了半监督学习，即使用大量的无标签数据，以及同时使用有标签的数据，来进行模式识别工作。例如我们打算教人工智能辨认水果，虽然水果有很多，但其中只有少数几个水果是有标签的，数量太少，学习效果不好。半监督学习的人工智能可以先把各种水果进行分类，那么只要一堆水果里有一个是有标签的，就说明这一堆都是这一种水果，如图5-9所示。

图5-9　半监督学习可以综合利用有标签数据和无标签数据

最后一种是强化学习，这个名字一看就和前几种大不相同。实际上，强化学习代表了另一种人工智能的思路。所以我们先卖个关子，留在下一章来讲。

为什么机器学习会这么流行

总的来说，不管是监督学习、无监督学习还是半监督学习，都需要用到非常多的数据。在以前那种写封信都要花上几周才能寄到的年代，要搜集这么多的数据几乎是不可能的。现在，有了发达的互联网，搜集数据比以前不知道容易了多少倍。在使用互联网的过程中，人们也在产生着大量的数据（图5-10），包括所写的评论、所发的视频、智能手表上传的各种信息、各种各样的公共监控摄像头获取的信息……这就是大数据时代！可以说，没有互联网带来的大数据时代，就没有机器学习现在的繁荣。

图5-10　互联网上有各种各样的数据

不过，处在大数据时代，我们的数据随时在泄露，新闻节目也不时报道过一些信息泄露的事件。浏览记录可能泄露给各种商家，用来推送符合你喜好的广告；邮箱地址可能被泄漏，用来给你发广告邮件；更严重的是，你的个人信息也可能遭到泄露，这是相当危险的！所以，我们一定要注意自己的数据安全！不要随便点击不认识的网址，不要随便注册陌生网站，更不要在不规范的网站填写自己的真实信息。

深度学习是完美的吗

深度学习可以理解为用深度神经网络来进行机器学习。科学家们已经研究出了各种各样的深度神经网络，用来解决各种各样的问题。不过它虽然好用，也并不是完美无缺的。

深度学习最大的问题就在于它是一个黑箱。那么，什么是黑箱呢？如果有一个装置，我们只知道什么样的输入，能得到什么样的输出，但是不知道里面的原理，不知道为什么会这样，也就是知其然，但不知其所以然，那这个装置就好像是里面黑漆漆、什么也看不清的一个箱子，也就是黑箱。如图5-11所示，这个黑箱可以计算1+1=2，但是怎么做到的呢？是有一个计算器，还是机械零件，抑或有一个人藏在里面？我们完全不知道。

图 5-11　黑箱是不知道内部原理的装置

基于规则的人工智能，所有规则是人类编写的，我们很清楚它为什么会做出这个反应。但是神经网络是自己学习形成的，里面的每个神经元、每个参数到底为什么这样，有什么作用，我们对此一无所知，神经网络也不可能开口向我们解释。这就好像我们不知道人类的大脑到底为什么这么聪明。大脑同样可以理解为一个黑箱。

你可能会觉得，不知道也没关系，好用不就行了。这有一定的道理，现在人工智能其实就是在这么用着的。但是，如果不能明白其内部原理，我们就很难去研究、改进它们。更关键的是，我们很难知道，在大部分情况下运行良好的黑箱，会不会在某些时候突然给出一个意料之外的结果。如果这个意料之外发生在一些非常重要的场合，比如做手术等关乎生命的情况下，损失可就大了。夸张一点说，使用黑箱就像使用一个不定时的炸弹一样。当然，我们可以进行大量的测试并且做好严格的防护措施，尽可能阻止意外发生。但是如果能从根源上解决问题，彻底明白其运行原理，不是更好吗？

深度学习的第二个问题是需要大量的数据。尤其是，只有得到足够的数据，神经网络才能找到数据中的规律，从而变得“智能”。可是虽然互联网让收集大量的数据变得越来越方便，但是神经网络的胃口可是大得很（图5-12）。尤其是监督学习，有时需要上百万甚至更大数量级的有标签的数据，这可不是那么容易办到的事。传统的人工智能方式需要的数据量往往小得多。

图5-12　深度学习需要用到大量的数据

深度学习的第三个问题是需要庞大的计算量。尤其是那些需要大量数据的大型深度神经网络，里面甚至有几亿个神经元，需要超级计算机运行好多天才能完成训练。

让机器适应环境

禾木： 阿嚏！好冷啊！

桃子： 禾木，感觉冷那就快点加衣服啊！

禾木： 好羡慕人工智能，它根本感觉不到冷。

小核桃： 这你可就说错了。只要给人工智能配上合适的“传感器”，它同样可以知冷知热。让人工智能像生物一样对不同的环境做出反应，正是科学家对人工智能的另一种思考——智能藏在感知与动作中。

智能如何应对多变的环境

生物“有智能”的一大体现，就是能对不同环境做出不同的反应。如图6-1所示，就人类来说，天冷了要加衣服、天热了想吃冰棍、下雨了要打伞，这些都是有智能才会做出的反应。那么很自然地，除了模仿人的思考方式和模拟人的大脑这两种方法，科学家们想到了另一种方式来实现人工智能，那就是模仿人和动物对环境的反应，也就是行为。这种思路也因此被称为行为主义。

图6-1 人对不同环境有不同的反应

行为主义这种想法最早源自心理学，由此可见研究人工智能和研究人类智能是密切相关的。信奉行为主义的心理学家们不喜欢“意识”“心灵”这些看不见摸不着、虚无缥缈的东西，而是想研究点儿实实在在的。有些行为主义的科学家甚至连“心理学”这个词都不怎么用，而说自己研究的是“行为分析学”“行为科学”。

所以，行为主义者觉得，没必要去管心里到底是怎么想的，而应该用客观的实验方法研究行为本身，找到心理学现象背后的规律。当然，我们现在知道，行为主义心理学的有些观点是偏激的，在很多方面也并不适用。不过，行为主义也确实可以解释很多问题，给很多学科带来启发。

学会操控机关的小白鼠和鸽子

行为主义科学家把生物对环境的所有活动称为“行为”，而所有的行为都是由环境的刺激造成的。比如“打伞”，这个行为是环境“下雨”这个刺激造成的。想要研究什么，就给它合适的刺激，并观察它的反应，然后去研究刺激和行为之间的关系，而不是纠结想要研究的东西的内部到底是怎么构成的。这就是行为主义的研究方法。

伯尔赫斯·弗雷德里克·斯金纳（Burrhus Frederic Skinner）是行为主义心理学中最著名的科学家之一。他做过一个著名的实验，称为斯金纳箱。不过，这个斯金纳箱可不是用来装东西的，而是要把小白鼠之类的动物放进去。

斯金纳箱是一个能容纳小动物的大箱子，箱子里面装有一根杠杆，杠杆连接着提供食物的装置。只要箱子里的动物按压杠杆，就会有一粒食物掉进箱子里。

斯金纳把一只饥饿的小白鼠放在箱子里，没过多久，小白鼠学会了主动“按压”杠杆来获取食物。原来，小白鼠在箱子里到处乱跑的时候，偶尔踩到杠杆，得到了食物。“得到食物”这个刺激就对小白鼠踩杠杆的行为进行了强化，驱使小白鼠为了得到食物而去踩杠杆。

为了进一步验证这一方法的可行性，斯金纳又用鸽子做了同样的测试。不过，杠杆变成了箱子上的一个红色按钮，只要鸽子去啄按钮，就能得到食物。很快，鸽子也开始不停啄按钮了（图6-2）。

图6-2　斯金纳箱中的鸽子能学会啄按钮

行为主义心理学的科学家认为，鸽子和小白鼠的动物智能就体现在刺激和行为的联系中。小白鼠并不是明白了食物装置的结构和操作方法，而仅仅是单纯地把获得食物和压杠杆联系在了一起。人同样是动物，即便是更高级一些，也遵循了同样的规律。很多App总是让我们去完成各种任务，或者在使用一段时间后就给我们一点儿奖励，比如积分、抽奖等。为了奖励，我们通常会一直用这个App，即使有时感觉已经没什么有意思的内容了。这是不是和一遍遍按杠杆的小白鼠、一遍遍啄红色按钮的鸽子差不多呢？不过，人不是小白鼠和鸽子那样简单的动物，这个规律也不能完全照搬到人身上。人可以理性地控制自己，可以考虑更长远的利益。

动物和机器的科学——行为主义的诞生

虽然行为主义最早是心理学的一种研究方法，不过最早研究人工智能行为主义的并不是心理学家。就人工智能行为主义的起源而言，真正的标志还是控制论。

控制论又是什么？是控制机器的理论吗？前面说了那么多动物和心理学，怎么突然谈到控制机器了？别急，控制论这个名字可不仅仅是“如何控制机器”的意思。

控制论的提出者是诺伯特·维纳（Norbert Wiener），这门学科早期最重要的作品就是他的《控制论：或关于在动物和机器中控制和通信的科学》（*Cybernetics: or Control and Communication in the Animal and the Machine*）。由此可知，控制论这门学科天生就是和动物有关系的。实际上，控制论研究的是人、动物和机器之间是如何互相交流、控制的。很多人认为，“机械大脑论”可能才是一个更合适的名字。

控制论采用了和行为主义心理学差不多的思路，不纠结于研究对象的内部结构，而是主要关注研究对象的刺激和行为，如果我们用控制论的术语来描述，就是“输入”和“输出”，或者称为“感知”和“动作”。

这么看来，其实机器的工作和生物的行为是非常相似的，它们都可以遵循同样的“感知-动作”规律。所以，机械同样可以实现智能行为，只要能就外部环境的输入（感知）给出合适的输出（动作），这就是智能，不必纠结是机器还是生物体。真正的智能也源自和真实环境的互动中。这种观点就是行为主义的人工智能。

如果机器人对各种事能做出像人一样的反应（图6-3），那么，为什么不能说它有智能呢？

图6-3　行为主义认为人工智能应该模仿人类的行为

那么，感知和动作之间的联系到底是怎样的呢？从行为主义心理学的实验中，我们看到了食物强化了小白鼠和鸽子的行为。控制论则用反馈来描述这个过程。机器通过反馈来对环境做出合适的反应。你可能对“反馈”这个词有些眼熟，我们在讲到“神经网络”的时候也提过这个词。神经网络就是通过反馈来调节权重的。值得一提的是，麦卡洛克和皮茨研究神经元模型期间，维纳也曾经参与其中，所以说，联结主义的开端其实和控制论有着很深的渊源。

反馈有两种：一种称为负反馈；另一种称为正反馈。负反馈就是系统输出产生的效果与输入相反。比如，我们在烤火的时候，如果感觉很热（输入），那就要离得远一些（输出），这样就能变凉快（输出的效果）；如果感觉很冷，就要离得近一些。神经网络中的反馈，还有我们前面说的调节水温的反馈，都是负反馈。负反馈最终会让系统越来越接近一个稳定的状态。就像我们烤火的时候来回调整距离，最终会找到一个合适的位置。

正反馈恰好与此相反，是系统输出产生的效果与输入相同。这样一来，它起到的就是促进的或者说是放大的作用。正反馈的例子其实在生活中也很常见，例如，我们努力学习，取得了好成绩，好成绩的喜悦又会让我们更愿意努力学习，去取得更好的成绩。这样，我们的成绩就会越来越好，这就是一个很典型的正反馈（图6-4）。前面描述的小白鼠和鸽子吃到食物的例子，也是正反馈。

图6-4　通过努力学习获得好成绩，这让我们更加努力学习——正反馈

像昆虫一样应对环境的机器人

行为主义科学家认为，智能是在和环境的互动中产生的。这就意味着，行为主义的人工智能非常适合用在机器人身上，因为机器人面临的主要问题就是在不同的环境中完成任务。

在这一方面，最有代表性的成果就是罗德尼·布鲁克斯（Rodney Brooks）发明的六足机器虫。布鲁克斯一直觉得，要研究“没有表达的智能”和“没有推理的智能”，而不是那些庞大的推理机器。他认为生物的智能就取决于对环境的感知和行动，毕竟大象在大自然中生活得开开心心，可不是因为它会下棋（图6-5）。虽然行为主义人工智能出现得很早，但是真正系统地提出，是在布鲁克斯于1990年发表的《大象不下棋》（*Elephants Don't Play Chess*）这篇论文中。

图6-5　大象不会下棋，也能在大自然中生活

根据行为主义的思路，布鲁克斯发明了一个名为“Genghis”的小型机器虫。它有6条腿，是模仿昆虫设计的。

Genghis大概有西瓜那么大，这个大小可比我们在《写给青少年的人工智能　起源》一书中介绍过的Shakey小多了。这个机器虫能做到这么小，有一个关键的要素，它没有“大脑”！准确来说，它没有负责认知和思考的高性能中央控制器。之前的智能机器人总是会有一个大大的中央控制器，用于理解所在的环境，听懂人的命令，控制一切行动，也就是实现智能。

Genghis不是这样的，它的6条腿都装有传感器、电动机和微型芯片。通过传感器，它可以感知到路上的障碍物。每条腿的微型芯片都通过编程设置了一些基本的行为，并且知道如何根据传感器的反馈来驱动电动机，从而在不同的情况下做出相应反应。这其实相当于每条腿上各有一个简单的微型脑。所以，虽然这个机器虫身上没有任何一部分是专门掌管走路的，但是每条腿能独立判断在不同环境状态下该做什么，都可以做一些简单动作。比如，一条腿的基本动作的判断是“如果我接触了地面，那么我要抬起来”，而另一个基本动作的判断可能是“如果我在向前动，得让另外5个‘家伙’稍微等一下”。

对Genghis来说，走路是一个团队合作项目，要通过6条腿的集体行为来完成。这个过程中至少要有6个微型脑在工作，它体内其余更微小的“脑”（芯片）则负责腿与腿之间的通信。每条腿的起落，取决于环境、自己的状态和其他5条腿在做什么动作。如果它们配合得当的话，那么，齐步！一、二、一,一、二、一！——就走起来了。这正是蚂蚁和蟑螂等昆虫走路的方式——胸部的多个神经节（你可以认为它就是多个神经元集合成的一个微型脑）和腿上的神经元负责为这条腿进行思考，所有腿互相配合行动(图6-6)。

图6-6　昆虫走路要靠腿之间互相配合

只要给Genghis再安装一对触须，它就可以翻越障碍了。触须会把地面上的信息传递回第一双腿。来自触须的信号可以控制电动机的动作。这个规则可能是:“如果你感觉到什么，我就抬高点儿，不然我还接着走。”

很明显，Genghis并没有完整的思考能力。但是这样一个能走、能避开和翻越障碍的机器虫，难道没有简单的智能吗？它的智能完全来自于腿对环境的反馈。

Genghis的发明者布鲁克斯后来和他的学生一起把Genghis的技术商业化，创立了机器人公司iRobot，他们制造的扫地机器人在全球销量超过2000万台，是世界上最受欢迎的扫地机器人之一。当看到扫地机器人时，你可不要忘了它们的老大哥Genghis啊！

可以进化的人工智能

行为主义模仿了生物对环境的反应。说到生物与环境之间的关系，一个非常明显的现象就是生物的进化。我们能看到如此丰富多彩的大自然，离不开地球上变化万千的自然环境对进化的影响。

大家一定都知道英国生物学家查尔斯·罗伯特·达尔文（Charles Robert Darwin）和他提出的进化论，科学家们根据进化论的思路继续研究提出了自然选择学说，这就是一个解释生物如何进化的理论。

生物有各种各样的特点，这是由它们的基因决定的。在繁衍的过程中，生物的基因可能会发生随机的变异，产生带有各种各样新特点的个体。如果某个生物身上的新特征能让它更好地适应环境，让它存活下来，然后通过繁殖产生拥有同样特点的后代。但是如果它的新特征不能适应环境，很有可能会导致生物死掉并被淘汰。我们可以举个例子，最开始，长颈鹿并不都是长脖子，而是有长有短，但是长脖子的长颈鹿可以吃到整棵树的树叶，而短脖子的长颈鹿没法吃到高处的树叶。那么如果低处的树叶被吃完，短脖子的长颈鹿就会因为没有食物被饿死（图6-7）。这就是自然选择，是大自然残酷无情的法则。但是也正是这样的法则，让生物一代代变得更能适应环境。

图6-7 自然选择留下了长脖子的长颈鹿

行为主义也认为我们可以通过进化和自然选择来获得更强的人工智能。人工智能也可以通过模拟生物的繁殖、遗传、变异，以及环境对个体的自然选择，来一代一代筛选出更快、更强、更聪明的人工智能。这一类方法叫作演化算法，其中最有代表性的就是约翰 · H. 霍兰德（John H. Holland）提出的遗传算法。

遗传算法是一种模拟了生物进化的方法。针对我们要解决的问题，它先随机生成成千上万种解决方案，然后进行自然选择，淘汰结果比较差的方案，再进行“繁殖”，让那些比较好的方案复制或者互相组合。其中可能还伴随着随机的变异，也就是把其中一些方案进行随机的改变。经过无数次这样的过程，一些优秀的方案最终会脱颖而出。在自然界中，生物的进化可能需要经过短则几年、长则几千万甚至上亿年的沧海桑田。但是在超级计算机的帮助下，按照遗传算法我们可以很快就得到问题的结果。

演化算法在现实中的应用并不少见，比如，鸟巢是钢结构框架，看似非常杂乱，就好像随便搭的一样，却有一种独特的美感，而且非常坚固。它在进行结构设计时就用到了演化算法的思路（图6–8）。北京大兴国际机场的结构设计则用到了遗传算法的思路。

图6–8　鸟巢的设计利用了演化算法

AlphaGo Zero为什么这么厉害

对围棋有所了解的同学一定知道AlphaGo，这可是世界上第一个打败了围棋世界冠军的人工智能。AlphaGo利用我们前面提到的深度学习原理，学习了大量围棋历史上的优秀棋谱，达到了围棋大师级水平。但是没过多久，其升级版AlphaGo Zero就把AlphaGo杀得“丢盔弃甲”，战绩达到了100 ：0，而AlphaGo Zero完全没有用到人类的棋谱！到底是什么让它这么厉害呢？这其实就是靠行为主义思路在机器学习上的应用——强化学习。其实，原始版本的AlphaGo同样用到了强化学习原理，只不过后来的升级版功能更为强大。

什么是强化学习

强化学习与我们前面说过的监督学习、无监督学习和半监督学习不同，这几种机器学习方法解决的问题一般是如何对数据进行识别、预测和分类，比如图像识别、语音识别、推测并推荐你喜欢的视频、预测天气等。但强化学习可以让人工智能学会如何在环境中正确行动。

有的同学可能会觉得“强化”两个字有点眼熟。因为前面斯金纳箱的实验中，小白鼠学会踩杠杆和鸽子学会啄按钮，就是因为食物对它们偶然行为的强化。强化学习其实就用到了同样的原理，把人工智能当成了斯金纳箱里的小白鼠和鸽子。

我们把想要训练的人工智能（一般称为智能体）放在设定好的环境中，如果智能体做出正确的行为，就会从环境中获得奖励；如果智能体做错了，就可能会受到惩罚。这样迭代很多次之后，人工智能就可以学会如何正确行动了。注意，这和监督学习不太一样，监督学习是由人类直接给数据贴标签，来告诉人工智能正确还是错误，而强化学习是根据环境的反馈来判定自己有没有做对。

其实强化学习的概念并不是现在才有的。早在20世纪50年代，明斯基和理查德·贝尔曼（Richard Bellman）等科学家就从不同角度提出了这种想法。不过在很长时间里，行为主义人工智能和联结主义都被符号主义的光芒掩盖了。20世纪七八十年代，理查德·S.萨顿（Richard S. Sutton）为强化学习做出了非常巨大的贡献，为现代的强化学习奠定了基础，并因此被誉为“强化学习之父”。不过当时机器学习中最受欢迎的是监督学习。直到进入21世纪，深度学习发展起来，DeepMind公司在2015年把强化学习和深度学习结合起来，才让强化学习的非凡实力得以展现。

强化学习是怎么工作的

要使用强化学习，我们需要把要训练的人工智能——智能体，放进要应对的环境里，让智能体在环境中去探索，通过获得奖励进行学习。智能体的行动取决于3个要素：价值、策略和环境。

环境是什么，这是不言而喻的。策略就是人工智能制订好的计划，具体来说是指智能体在不同的环境下要做什么，比如下雨要打伞，这就是一个策略。价值又是什么呢？价值指的是智能体选择这个动作之后，未来预期能得到的奖励的总额。其实价值就是奖励，比如打伞后就不会淋湿。只不过价值不是眼前的奖励，而是长期的奖励（图6-9）。价值可以用来评价智能体的每个行动是好还是坏。

图6-9 强化学习的人工智能可以根据长期的奖励行动

为什么要用价值呢？想象这样一个场景，周一的早上，妈妈已经叫你起床，那么你是选择马上起来，还是再睡一会儿呢？如果只考虑眼前的奖励，那么当然没有什么比继续躺着更舒服！但是，如果我们真的再睡一会儿，惨了！要迟到了！能不能按时到学校就是长期的奖励，也就是价值了（图6-10）。

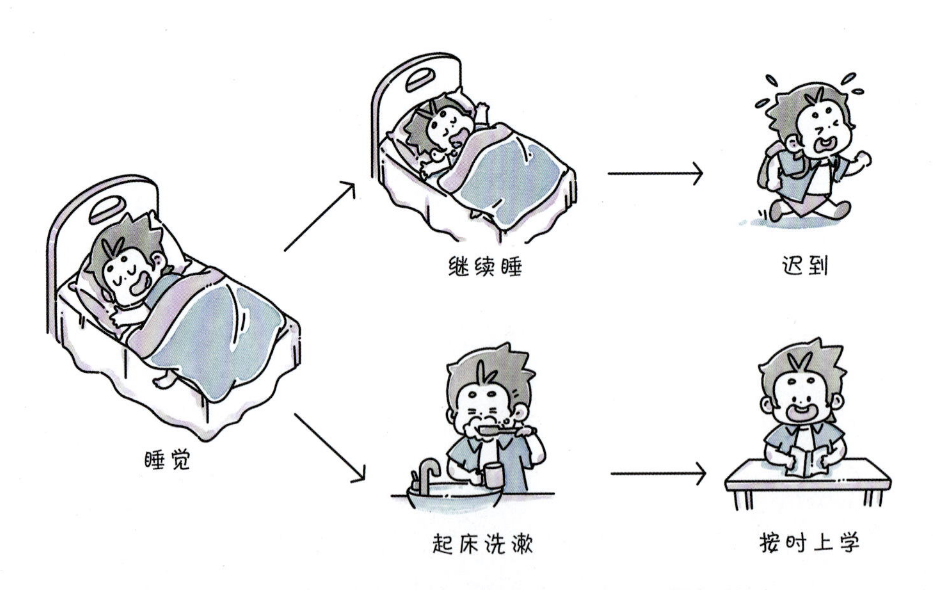

图6-10 只考虑眼前的奖励可能会损失长期的奖励

既然价值是用来评价动作好坏的，那么只要一直选择价值最高的行动，也就是最好的行动，不就能完成任务了吗？可是到底怎么才能知道每个动作的价值呢？这就要用到强化学习了。

现在我们以强化学习中的经典方法——Q学习为例，并进行一定简化，来一起看看强化学习到底是如何工作的。比如，我们想要训练一个智能体或者一个机器人来走迷宫。现在我们建造一个简单的迷宫，它只有4个房间，机器人最终要到达出口D，如图6-11所示。

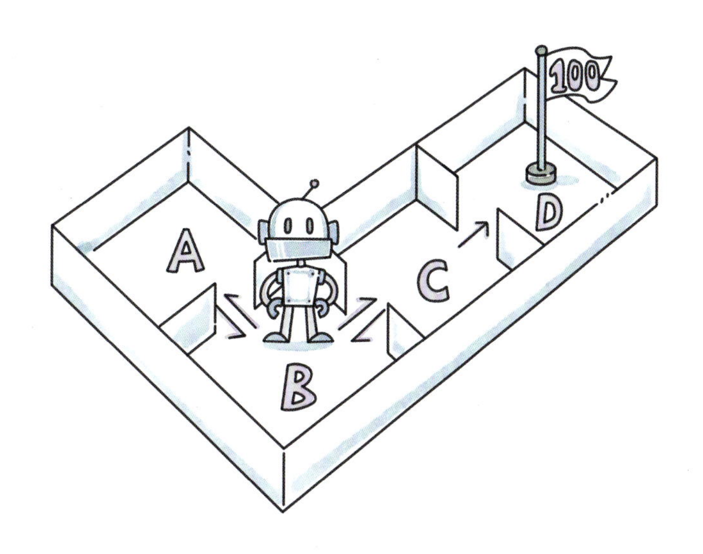

图6-11　建造一个简单的迷宫

前文提到，进行强化学习时，智能体要从环境中获得奖励。我们规定，只要机器人走出迷宫到达出口D，就可以得到放在出口D处的奖励（100分）。我们还规定，除非已经走出迷宫到达出口D，否则机器人不能待在原来的房间不动。

很明显，在离开迷宫前，机器人只有5种移动方式：

A➡B；B➡C；C➡D；C➡B；B➡A

我们可以列一张表来表示机器人每种情况的价值（图6-12）。表中每一行代表机器人当前的状态，也就是它所在的房间；表中的每一列代表机器人的行为，也就是它要去的房间。比如，机器人要从房间B去房间A，这个动作的价值就要填在第二行第一列，我们可以把这个格子称为(B,A)。表中带阴影的格子表示不可能存在的情况，比如(C,A)有阴影，说明机器人没法从房间C直接去房间A。

状态（所在的房间） \ 行为（要去的房间）	A	B	C	D
A		0		
B	0		0	
C		0		0
D				

图6-12　在迷宫中机器人每种情况的价值

最开始，我们不知道到底如何行动价值才高，所以可以把所有格子先填上0。

现在，我们随机地把机器人放到一个房间，比如房间C。从房间C出发，我们可以去两个位置——房间D和房间B。我们随机进行选择，很幸运，我们直接到达了出口D，获得100分的奖励，并完成了最终任务。这也是C➡D这个动作能得到的唯一奖励，因此它的价值就是100，我们在格子（C,D）中填上100（图6-13）。

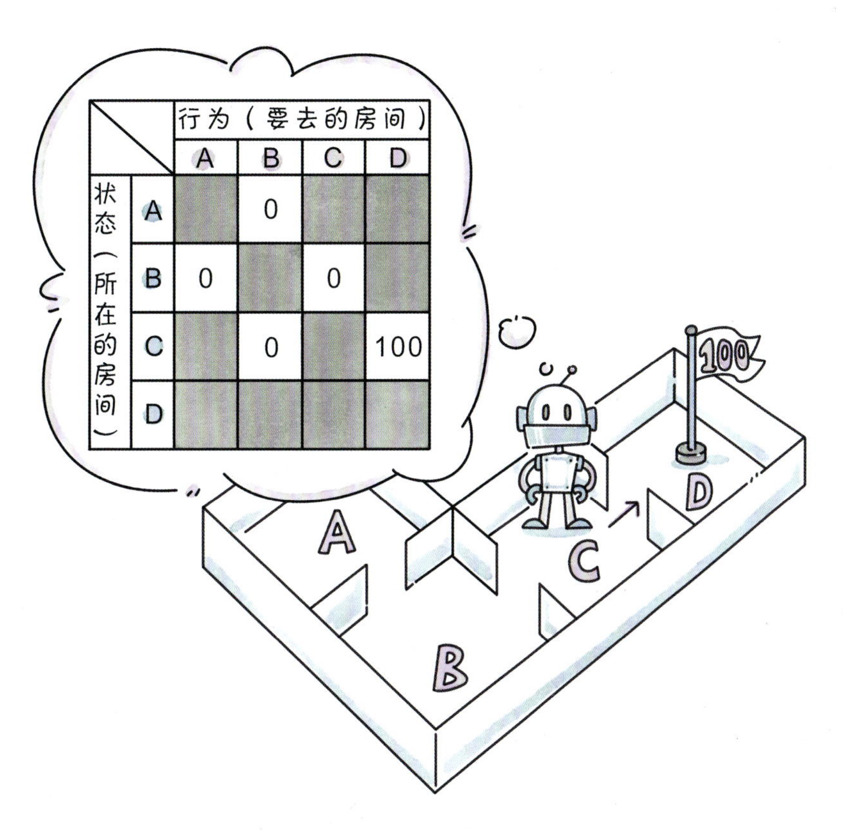

状态（所在的房间）\ 行为（要去的房间）	A	B	C	D
A		0		
B	0		0	
C		0		100
D				

图6-13　更新C➡D的价值

我们再随机地把机器人放到一个房间，现在它刚好到了房间B。在房间B中，机器人也有两种选择即房间A和房间C。我们再次随机选一个行动，这一次刚好选到了去房间C。

我们很高兴地发现，虽然房间C本身的奖励是0，但是在房间C所能采取的所有行动中（C➡D和C➡B），最高可是能得到100的价值呢！这就是动作B➡C的未来收益，因此，它的价值也会提高（图6-14）。为了综合考虑奖励和未来收益的影响，我们这样更新B➡C的价值。

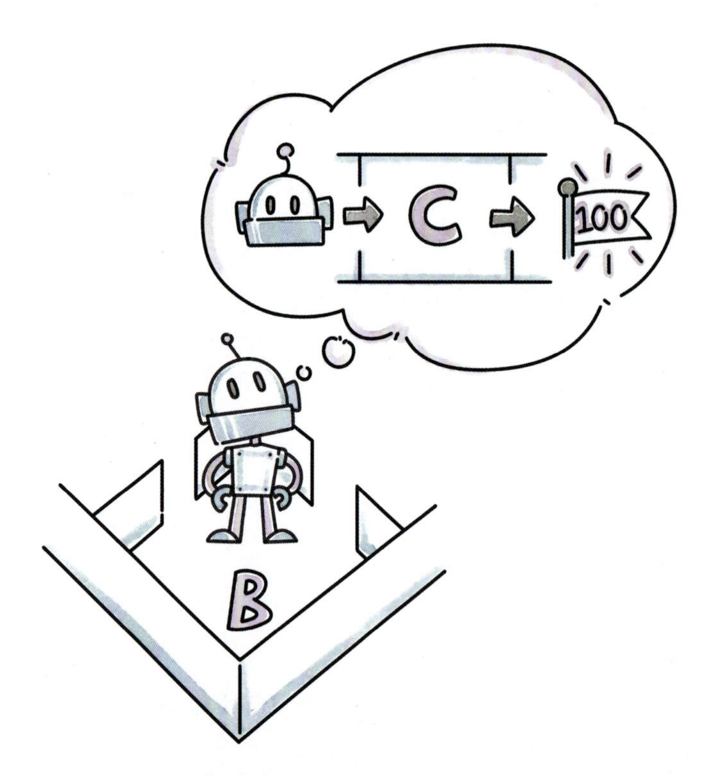

图6-14 如果机器先去房间C，就可以获得更高的价值

B➡C的价值

= 房间C的奖励 + max（C➡B的价值，C➡D的价值）

= 0 + max（0，100）

=100

max表示取后面括号中所有内容的最大值。

不过这样计算，我们考虑的永远是最长远的利益。这样考虑看起来非常好，但是对于有些情况可能不太合适。比如，早上上学的时候，突然想上厕所，但是上厕所就会迟到。难道我们能为了不迟到的长期利益，而放弃上厕所的短期利益吗？实在是憋不住了啊！

为了模拟这个情况，我们一般会把未来会获得的价值打个折扣。所以我们把公式改成

B➡C的价值

= 房间C的奖励 + 折扣 ×max(C➡B的价值，C➡D的价值）

在我们这个走迷宫任务中，可以把折扣设置为0.8。所以得到B➡C的价值就是

B➡C的价值 = 0 + 0.8×max(0，100) = 80

我们在格子（B，C）中填入80（图6-15）。

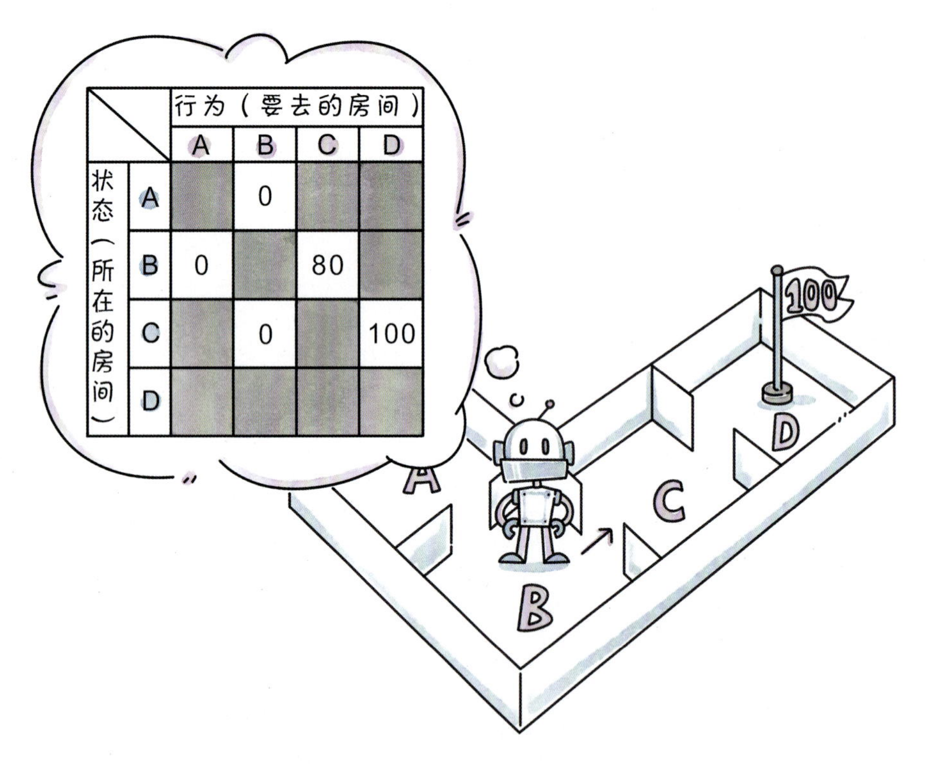

状态（所在的房间） \ 行为（要去的房间）	A	B	C	D
A		0		
B	0		80	
C		0		100
D				

图6-15 更新B➡C的价值

接着我们从房间C继续随机前进，一路更新价值，直到走出迷宫。

这样随机重复很多次，机器人每种情况都碰到过，我们就可以把每个格子都填上价值了。为了看得更清楚，也可以把它们都画在地图上（图6-16）。

	行为（要去的房间）			
状态（所在的房间）	A	B	C	D
A		64		
B	51		80	
C		64		100
D				

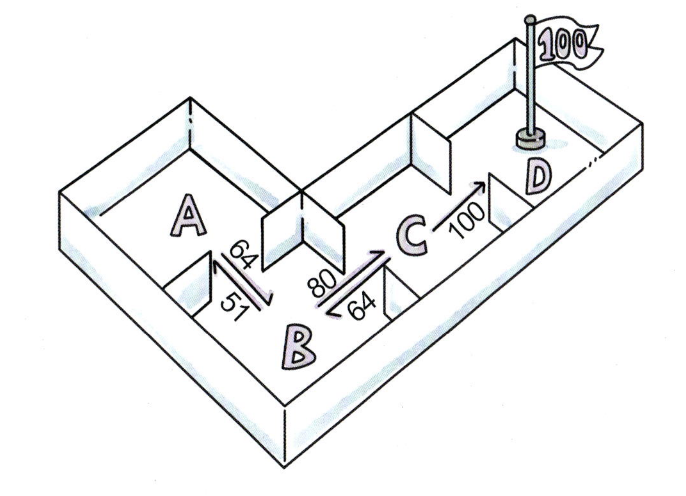

图6-16　随机重复很多次，更新价值

这样，只要采用的策略是一直选择最高价值动作，我们就可以走出迷宫啦！

我们做的只是一种非常简化的做法。在实际应用中，我们还需要考虑很多别的因素。强化学习还有一些其他方法，不过各种方法都离不开价值、策略和环境。

然而，这种用表格表示价值的方法并不适用于所有情况。如果说状态和动作的组合特别特别多，我们就没法用表格表示了。举个例子来说，我们想让机器人沿着曲线轨道走，那么曲线上每个点都会有相对应的拐弯动作。众所周知，曲线上的点可是无限多的，这样我们总不能画一个无限大的表格吧。

解决这个问题的一个好方法就是把表格换成深度神经网络，深度神经网络本身就可以表示一条曲线的。这样，强强联合就可以得到深度强化学习！这也是AlphaGo

Zero采用的技术，利用深度强化学习，AlphaGo Zero和它自己下了成千上万盘棋，达到了围棋大师的水平。

强化学习的优点和缺点

比起我们前面说过的学习方式，强化学习最大的优点是不需要人工提供大量的数据。只需要把智能体放入合适的环境，就可以动态地探索和学习。智能体还可以边学习边工作，即使环境发生一定的改变，强化学习的智能体也能适应。

但是，强化学习也不是完美无缺的。强化学习的学习速度往往比较慢，需要进行很多很多次学习才能得到比较好的结果。这样的话，有很多现实问题我们可能没法直接用现实环境进行训练。想一想，如果要用强化学习训练一个机器人走路，我们就需要一遍遍重复机器人摔倒——扶起来——机器人摔倒——扶起来这个过程，不知道要重复多少次（图6-17）。就算我们不厌其烦，还怕把机器人摔坏了呢！所以，我们就需要在计算机中建立仿真环境，来让智能体快速学习。而如何建立足够真实的环境，就相当困难了。如果环境不够真实，即使训练出来了，也不能适应现实。

图6-17　如果把强化学习直接用于现实环境

此外，如何设置合适的奖励，也是一个难题。如果奖励不合适，那么可能永远也得不到想要的结果。很多时候我们不知道如何奖励智能体，只能在最后完成目标的时候进行奖励。那么如果需要很多步操作才能完成目标，智能体就会无所适从，学习效果也会很差。比如有些棋类，开始的几步闲棋在快要分出胜负时也许会变成杀手锏，但在此前可能完全没有用，对于这样的操作，我们就很难设置奖励。还有很多时候，智能体会找出那些我们不希望甚至意想不到的“作弊捷径”。举个例子来说，我们在这边给对面的机器人设置了奖励，只要机器人走过来，就可以拿到奖励了。但是对于机器人来说，走过去多麻烦，摔倒扑过去，可能才是摸到奖励的最快办法（图6-18）。

图6-18 必须设置合适的奖励才能正确训练智能体

还有一点非常尴尬，那就是现阶段强化学习能够解决的问题，通常已经有比较成熟的解决方法了。而强化学习的效果有时甚至还不如原来的方法，那何必还使用强化学习呢？

不过，虽然强化学习现在还有一定的局限性，但是它也在不断进步。很多人工智能领域的知名研究人员谈到，强化学习很可能是通向强人工智能的重要路径。因为与其他类型的机器学习方法相比，强化学习更接近于现实中的生命体，而不仅仅是一个辅佐人类的工具。除了下棋，这类算法在智能机器人系统和工业自动化方面也有一些成功的实际应用，比如无人机和无人车控制。强化学习问题在医疗和教育方面也有望得到应用，但目前大多数研究还处于实验室阶段。

从1956年达特茅斯会议提出人工智能这个词，到21世纪的今天，时间已经过去了近70年。符号主义从模拟人的心智出发，联结主义从模拟人的大脑出发，行为主义从模拟人的行为出发，似乎是截然不同的三条道路、三种方法。它们确实曾经互相对立，但也互相影响，现在发达的人工智能离不开其中任何一个，不论是推理、学习还是对环境的反应，都是智能必不可少的方法。在未来，更强大、更聪明的人工智能也必须要汲取所有方法的精华。

现在，人工智能早已从当年科学家实验室里的玩具，渗透到了我们生活的方方面面。早上起来，智能语音助理可以叫我们起床，我们可以和它交流今天的天气和新闻；购物时，人工智能可以帮助我们安全地使用指纹支付、人脸识别支付；上网时，人工智能也会向我们推荐感兴趣的内容；甚至出门时，我们可能还会约到无人驾驶出租车。

人工智能到底还有哪些神奇的用途？这背后又是怎么实现的呢？让我们在后续出版物《写给青少年的人工智能 应用》一书中再相聚，一起再探索吧！

参考资料

[1] 尼克. 人工智能简史[M]. 北京：人民邮电出版社，2017.

[2] 赫伯特 · 西蒙. 认知：人行为背后的思维与智能[M]. 北京：中国人民大学出版社，2020.

[3] McCorduck Pamela. Machines Who Think [M] (2nd ed.). A. K. Peters，2004.

[4] Crevier Daniel. AI: The Tumultuous History of the Search for Artificial Intelligence[M]. London and New York: Basic Books，1993.

[5] 吴文俊. 走自己的路——吴文俊口述自传[M]. 长沙：湖南教育出版社，2015.

[6] Weizenbaum J. ELIZA—a computer program for the study of natural language communication between man and machine[J]. Commun. ACM，1996，9: 36-45.

[7] Minsky M L. A framework for representing knowledge[J]. Artificial Intelligence Memo，1974，306.

[8] McCulloch W S, Pitts W. A logical calculus of the ideas immanent in

nervous activity[J]. Bulletin of Mathematical Biology，1990，52：99-115.

[9] Rosenblatt F. The perceptron: a probabilistic model for information storage and organization in the brain[J]. Psychological Review，1958，65（6）：386-408.

[10] Hebb D O. The Organization of Behavior: A Neuropsychological Theory[M]. New York: John Wiley，1964.

[11] Minsky M L. Computation: Finite and Infinite Machines[M].Prentice-Hall，1967.

[12] Minsky M L，PapertS. Perceptrons：An Introduction to Computational Geometry[M]. Cambridge: MIT Press，1972.

[13] Werbos Paul J. The Roots of Backpropagation: From Ordered Derivatives to Neural Networks and Political Forecasting[M]. New York: John Wiley & Sons，1994.

[14] Hopfield J J.Neural networks and physical systems with emergent collective computational abilities[J]. Proceedings of the National Academy of Sciences of the United States of America，1982，79(8):

2554-8.

[15] Brooks R. Elephants don't play chess[J]. Robotics Auton. Syst., 1990，6：3-15.

[16] 凯文 · 凯利 . 失控：机器、社会与经济的新生物学[M]. 东西文库，译 . 北京：新星出版社，2010.

[17] Sutton R S，Barto A G. Reinforcement Learning: An Introduction[M]. London: MIT Press，2018.